千载儒释道 一盏纳山茶

朱旭／主编

建溪官茶天下绝，
香味欲全须小雪。
雪飞一片茶不忧，
何况蔽空如舞鸥。

中国农业出版社
北　京

朱旭　简介

主任医师，北京中医药大学厦门医院麻醉与疼痛科主任。

福建省中西医结合学会麻醉学分会副主任委员；中国中西医结合学会麻醉专业委员会全国委员；福建省中医药学会筋膜学分会副主任委员；福建省医师协会麻醉医师分会常委；福建省中西医结合学会疼痛分会常委。

厦门市中西医结合学会麻醉与疼痛分会主任委员；厦门市医学会麻醉学分会副主任委员，从事临床麻醉与疼痛工作30余年，发表专业论文近30篇。编写

《千载儒释道　一盏纳山茶》，参与编写《中西医结合微创外科学》《茶趣》等著作。

擅长病理性神经痛，慢性骨关节疾病，软组织疾病，顽固性头痛及睡眠障碍，晚期癌症，急危重症疾病的治疗。

对茶与健康及朱子儒学有一定研究，创新朱子儒茶行茶十二式。

纳山云舍品牌——朱子儒茶创始人。

序一

纳山的一片叶子

习近平总书记说：一片叶子成就了一个产业，富裕了一方百姓。

茶文化的交流、茶旅业的融合，大有可为。

纳山云舍是一家茶企，在繁华的都市，有许多的茶体验馆；在静谧的山中，有许多的高远山场。茶体验馆，是茶文化交流的空间；高远的山场，是茶旅休闲游山水的佳处。

纳山云舍的茶，来自古代的建州。体验纳山云舍的茶，是体验儒释道的三家文化；体验纳山云舍的山场，是体验大自然保护区和武夷山核心区的绝好空气及绝佳山水。

中国是茶的故乡，中国茶历史悠久，源远流长。相传神农尝百草，中毒后以茶解毒，因此，茶圣陆羽在《茶经》中有言：茶之为饮，发乎神农氏，闻于鲁周公。此后，儒释道三教都兼容于茶——尽管酒文化也源远流长，但佛教禁酒。因此茶，可以说三教合一。

禅宗一脉沩仰宗的仰山慧寂禅师有一首偈语：

> 滔滔不持戒，兀兀不坐禅。
> 酽茶三两碗，意在镢头边。

仰山慧寂禅师认为，不须持戒，不须从禅，唯在饮茶、劳作——即是修禅。修禅在饮茶。烧水煎茶，无非是禅。禅是悟道后的智慧，是人生的最高境界，是禅茶的终极追求。

唐代诗人温庭筠《西陵道士茶歌》：

> 乳窦溅溅通石脉，绿尘愁草春江色。
> 涧花入井水味香，山月当人松影直。
> 仙翁白扇霜鸟翎，拂坛夜读黄庭经。
> 疏香皓齿有余味，更觉鹤心通杳冥。

道士饮茶能让人"通仙灵""通杳冥""尘心洗尽"，羽化登仙，胜于炼丹服药。

儒学大师朱子善饮茶，早年修禅修道，与圆悟大师为情深意笃的忘年之交。圆悟大师圆寂时，朱子写诗吊唁：

> 一别人间万事空，焚香瀹茗怅相逢。
> 不须更话三生石，紫翠参天十二峰。

儒与释，是可以"瀹茗"相逢的。读书人，以茶静心，以茶修心，所谓"穷春秋，演河图，不如载茗一车"，朱子隐居云谷山时，专门开出一片地种茶，称"茶坂"，朱子"携籝"采茶制茶，有诗为证：

携籝北岭西，采撷供茗饮。
一啜夜窗寒，跏趺谢衾枕。

纳山云舍创始人朱旭，正是朱子的后人；纳山云舍的茶山场，正是儒释道三教兼容的古建州的武夷山及武夷山自然保护区。

古建州的茶，下至庶民百姓，上至皇族士人，都推崇备至。"年年春自东南来，建溪先暖冰微开。溪边奇茗冠天下，武夷仙人从古栽"。只要建溪的春水一荡漾，京城的茶市就开始了。不仅如此，古建州茶还是外交礼品。北宋宣和六年（1124），奉议郎徐兢——正是建州人，出使高丽时带去了当时的龙凤团茶作为礼物。徐兢撰写《宣和奉使高丽图经》，提到：（高丽）土产茶，味苦涩不可入口，惟贵中国腊茶，并龙凤赐团。自锡赉之外，商贾亦通贩。故迩来颇喜饮茶，益治茶具。当时，古建州的茶影响了高丽的饮茶风气。

宋朝的建州，生产一种建盏。建盏与建茶，共同把茶文化推向了一个前所未有的高度。大宋王朝政和二年（1112）四月，宋徽宗大摆筵席宴请蔡京、高俅、童贯一批权臣，最后，以惠山泉、建溪异毫瑃（异毫盏），烹新贡太平嘉瑞茶饮之。宴会上的建溪异毫盏与太平嘉瑞茶在宫廷宴乐中以压轴登场。其中，建溪异毫盏即是建盏，太平嘉瑞茶即是建茶。

建盏与建茶合并后，形成了一种叫"分茶"的茶艺，风靡整个宋代士大夫阶层。陆游的《临安春雨初霁》：

> 世味年来薄似纱，谁令骑马客京华？
> 小楼一夜听春雨，深巷明朝卖杏花。
> 矮纸斜行闲作草，晴窗细乳戏分茶。
> 素衣莫起风尘叹，犹及清明可到家。

在京华的陆游，就在晴窗之下"分茶"。

朱子的父亲朱松就描绘过"分茶"的场景：

> 搅云飞雪一番新，谁念幽人尚食陈。
> 仿佛三生玉川子，破除千饼建溪春。

由此观之，朱家与武夷茶，与顶级的茶文化"分茶"都有着千丝万缕的联系。朱子，兼容三教，隐居修行时，或以茶为媒，或以茶静养。朱子后人朱旭承朱子一脉，寻找古建州上武夷山的最好山场、最美山场，那是国家森林公园的核心地带。纳山云舍用一片叶子，做茶文化的交流、茶旅业的融合之事，随着茶越来越成为健康饮品的今天，必将大有可为。倘若纳山云舍，也将茶文化推高、推广，则是纳山的幸事，也是茶人的幸事。习近平总书记说：一片叶子成就了一个产业，富裕了一方百姓。确实，纳山云舍的山场，带动了一部分的百姓，共同走向致富之路。

福建省茶科学会会长
中国茶叶学会副理事长
海峡茶叶交流协会会长
福建省农学会副会长

序
二

·

吾饮茶爱茶至今也不过十年而已。其间遇到过各种各样的茶人，他们都对茶十分喜爱，种茶、制茶、品茶、斗茶都是行家。这些茶人当中许多后来都成了我的茶友。这些茶友之中最具善心最有能力为茶客提供天生天养好茶的人就是朱旭先生。朱旭先生是我的同行，任厦门市中医院的麻醉科主任，是朱子二十六代传人。近年来我常去厦门短暂工作，每到他的茶舍都受到他的热情接待。在那里不仅能喝到他提供的好茶，而且还向他学习到了许多制茶、品茶的知识。之前我喝过许多茶人制的茶，但朱先生制作的茶确是我的最爱，如红乌龙、野生金骏眉、一叶四相等。我与朱先生的感情因茶结缘而不断加深。记得几年前我写过两集访茶游记的书，他都在百忙之中参加了在武汉举行的发行仪式，并为参与者赠送了他亲手制作的茶，权作纪念。这令我十分感动。如此著名的茶人能不远千里专程来参加拙书的发行仪式，确使这一活动增色不少。

时间过得真快，因茶结缘不觉与朱先生的交往已近八年。他给我的印象是朴实善良，博学多才，温文尔雅，说话慢条斯理，极具大医大儒风范。多年来，他对做最好的茶，做最干净的茶，做良心茶的执着追求，深深地感动着我。为了实现他的崇高愿望，他宁可散尽钱财，节衣缩食，克服困难，也要坚持做下去。个中的艰辛，使人难以想象。今天，他终于获得了"丰收"。

日前他来武汉参加学术会议，我们相聚后得知他要出一部茶书，名曰《千载儒释道 一盏纳山茶》，希望我为该书写序。这于我而言确是莫大的荣誉。但暗思自己的水平有限难以胜任，又有诚惶诚恐之感。当然，最终我还是欣然接受了。

早闻朱旭先生生于千里茶乡，贡茶之乡的建州，为理学大家朱子的后人，传承家学，执正宗中制茶。因我酷爱武夷山岩茶，曾多次去武夷山访茶问茶，所以对朱子思想与茶文化的交融略知一二。

朱子是爱茶并精于茶道的大儒。据传朱子当年隐居云谷山时开辟茶坂，亲自种茶、采茶、制茶。有诗为证："携籝北岭西，采撷供茗饮。一啜夜窗寒，跐跌谢衾枕。"此即是描述他亲自采茶、制茶、喝茶的场景。在武夷山的隐屏山下，朱子常邀约朋友到茶灶石上煮茶。如有诗为证："仙翁遗石灶，宛在水中央，饮罢方舟去，茶烟袅细香。"

朱子喜欢喝茶，喝的不仅是茶，更是修养品性，提升道德。朱子将建茶的品德比喻为"中庸"。他说：建茶如中庸之为德，江茶如伯夷叔齐。中庸是儒家至高的道德。不偏之谓中，不易之谓庸，中者，天下之正道，庸者，天下之定理。朱子将他的理学思想与饮茶文化融为一体，由此可见一斑。

为继承朱子理学思想，弘扬饮茶文化，作为朱子嫡系二十六代孙的朱旭先生，创建了"朱子儒茶十二式"。该十二式讲求天地合其德，日月合其明，四时合其序，阴阳成象，刚柔成质，仁义成德，道一而已；教育人以茶修德，以茶明伦，以茶寓理，不重虚华，崇尚俭朴，秉中庸之道，做君子仁人。

朱旭先生踏遍建州的青山，选择了武夷山脉的山场，如在自然保护区和核心坑涧打造兼容儒释道的最纯粹最干净的武夷茶。这些茶的品种繁多，各具特色，被称之为纳山云舍品牌茶。纳山之茶，天生天养。其山场空气清新，水质清澈，土壤疏松，有机质含量高。自给肥料好，生态条件极佳。先生在制茶管理上，坚持传统，不施化肥，不打农药，全人工割草，有机栽培。其茶样送检无农残，符合LOD标准。

为了让更多的人喝到好茶，结缘茶人，相识茶友，先生提倡"以茶修德，以茶寓道，以茶交友"，并着力营造纳山云舍的空间。迄今为止已在厦门建立多处茶空间，传播传统文化，如茶道、香道、花道等。同时还打造爱心空间，开展名医健康讲座，举行慈善茶会，为特殊患者举行爱心捐赠活动。

纳山云舍茶，蕴于武夷山脉，禀天地精华，汲闽山灵秀。朱旭先生秉承朱子理学，得儒家心传，萃取千年古茶道、武夷各坑涧，自然保护区百年茶树之精华，精心打造出纳山云舍之品牌茶。

　　《千载儒释道　一盏纳山茶》一书内容丰富，图文并茂，除介绍了许多种茶和制茶、品茶的知识外，还介绍了朱先生爱茶，品茶，持之以恒制成最干净茶的艰难过程。此外，该书还介绍了朱先生致力研究传统文化，弘扬朱子理学思想，引人向善的动人故事。书中的情节和有趣的故事恰好是先生执着追求做最干净的茶并为之奋斗一生的真实写照。

　　我怀着无比崇敬的心情，为读者推荐这样一部好书。相信读完此书的读者也会像我一样，油然生起对先生的敬仰之情。衷心祝贺《千载儒释道　一盏纳山茶》一书的问世。

同济医院泌尿外科主任医师
中华医学会泌尿外科学分会前任主任委员
国际尿石联盟主席
国务院政府特殊津贴享受者

辛丑年夏
江城武汉

目 录

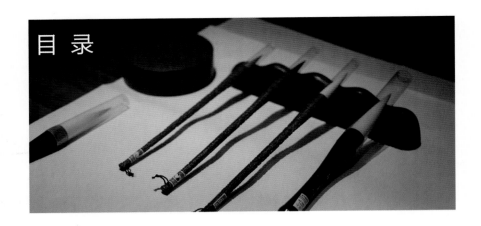

序一
序二

天生天养　武夷正脉

茶香细袅　/　003

千载儒释道　一盏纳山茶 —— 纳山云舍山场的风雅名坑涧　/　007

水之涘，山之崖，纳山碧连天　/　011

纳山茶基地再添新成员：慧苑坑、九龙窠、马头岩实力加盟　/　016

砂仁坑：天生纳山，天养纳山茶　/　019

纳山行　/　023

寻涧之源，寻茶之源　/　024

赴一场纳山的虫之约　/　027

古茶山·古茶树　/　029

馈君纳山茶，赠君一片山　/　031

纳山归来不看茶　/　033

山花开似锦　涧水湛如蓝 —— 禅意中的纳山云舍　/　038

岁月流转　时节嬗递

茗茶椾荈　文化苦旅

行茶雅集　吾心独归

医者仁心　广结茶缘

真山真水　茶行天下

天生天养　武夷正脉

纳—山—云—舍

茶 香 细 袅

　　朱子的"武夷精舍"很快要建成了，就差一处饮茶的场所，他把目光投向了溪流中的那块巨石。

　　"武夷精舍"其实不精。按朱子的说法"视所缚屋三间，制度殊草草"。如果要说"精"的话，那就是朱子亲自谋划，匠心独用。诗人韩元吉这样介绍："元晦躬画其处，中以为堂，旁以为斋，高以为亭，密以为室……"最为人们称道的是饮茶之处。

　　武夷五曲隐屏峰西，溪之中流，巨石屹立。其上可环坐八九人，石中有凹坑，自然为灶，可以煎茶品茗，俨然是天然茶室，既不费一石一木，又尽享溪山之胜。

朱子喜不胜收吟道："仙翁遗石灶，宛在水中央。饮罢方舟去，茶烟袅细香。"神仙曾在此煮茶，留下的石灶在水的中央，饮罢香茗登上双舟相并的方舟去了，而茶香却细细袅袅，从古到今。《茶灶》引得众人诗兴大发。杨万里、袁枢、董天工等欣然唱和。宋诗人陈梦庚说："此水此茶须是灶。"然而遗憾的是，就像朱子新题写"茶竈"被人误解那样，他与茶的渊源鲜为人知。

朱子诗文中写茶的委实不多。不少人认为《春谷》中的第六首是茶诗。诗曰："武夷高处是蓬莱，采得灵根手自栽。地僻芳菲镇长在，谷寒蜂蝶未全来。红裳似欲留人醉，锦障何妨为客开。饮罢醒心何处所，远山重叠翠成堆。"

此诗作为茶诗读起来颇为可疑，问题出在第二句的最后一字，大部分文本均为"栽"字。"栽"与"裁"让全诗意义完全不同。若为"裁"字就与茶无关。句中"灵根"是对植物根苗的美称，意为长生之身。《老子·黄庭经》曰："玉池清水灌灵根，审能修之可长存。"唐朝吕延济注"灵根谓身也"。而"裁"为"节制、调养"。专家们认为，此诗表达主人在有如蓬莱仙境的武夷山修身养性。此地虽然偏僻但芳香长驻不败，山谷寒冷，蜂蝶还未全部飞来，晒布岩像织女织就展开的红裳，让流连忘返的客人醉在其中，锦屏般的隐屏正为客人缓缓打开。饮罢何处醒心，但见远山叠嶂，翠绿无边。秀野刘丈是武夷山人，官至朝散大夫，退休筑室武夷山城南。朱子与其唱酬多达九十余首，吟遍刘氏园台榭花木，包括瓜果蔬菜，诸如木耳、芋魁、薜菜等，但无一首茶诗，除这首疑似以外。

然而朱子与茶特别是武夷茶息息相关，可以说从武夷茶的种植至品饮全过程全部参与。朱子知漳州时，在州府百草亭园圃种植武夷茶，而且在当地大力推广。他采茶、饮茶，《茶坂》一诗写道："携籯北岭西，采撷供茗饮。一啜夜窗寒，跏趺谢衾枕。"携筐采茶北岭西，采制清茶供品饮，一喝顿觉精神好，寒窗打坐不觉困，谢绝被枕不用眠。朱子还咏过"茗碗瀹甘寒，温泉试新浴……顿觉尘虑空，豁然洗心目。"两首诗有异曲同工之妙。朱子把茶的地位看得很高。方外道友圆悟禅师逝去，他以茶相奠：香茶供养黄檗长老悟公故人之塔并以小诗见意二首。其中一首这样写道："摆手临行一寄声，故应离合未忘情。炷香瀹茗知何处，十二峰前海月明。"

很多人认为朱子的祖先担任管理茶叶、征收税赋"茶院"职务，因而与茶有历史渊源。按照束景南先生的考证，朱子的先代世系，目前真正可信的可以上溯到茶院公朱瓌，而朱子是其九世孙。但"茶院"并不是官职，按唐五代并无"制置茶院"的官。朱瓌只担任过衙前指挥和婺源县制置的官，也没任过制置茶院的官。朱氏宗谱、族谱都是用地名来指称某某府君的，绝无用官名指称。所谓"茶院府君"应是指居住地，一个古城与"茶院"同音的婺源万安乡松岩里的叫"茶源"的地方。这个美丽的"附会"引出了朱子与茶的天生缘分。朱子出生之日，举行洗儿之礼，父亲朱松以《洗儿二首》记之。有人说"洗三朝"所用的汤水就是"月团"饼茶所泡。朱子去世前三年，身陷"庆元党禁"冤案，避难闽东，又一次来到古田"蓝田书院"，人们请他题写"引月"，落款时不好落自己的姓名与字号，随手一笔"茶仙"，不经意间将他与茶的关系定格。朱子曾说武夷茶：建茶如中庸之为德，江茶如伯夷叔齐。这是对武夷茶至高无上的评价。学生曾以"茶本苦物，吃过却甘"请教，"问：'此理如何？'曰：'也是一个道理。如始于忧勤，终于逸乐，理而后和。盖礼本天下之至严，行之各得其分，则至和。'"朱子告诫人们循理守理，是严肃刻苦的，但你做到了，则能和顺快乐，有如饮茶一样苦尽甘来。

　　朱子赋道于茶，而茶也烛照了朱子。朱子闻道、释道、创建大道，克己复礼，受尽磨难：少年丧父、中年丧妻、老年丧子、晚年蒙冤，但终不改中兴儒学的初衷，最后集理学之大成，实现人生最大价值，赢来身后无限哀荣。细细品味朱子人生，总觉得他一应如茶。

福建省文史馆研究员　张建光
第四届南平市政协主席

千载儒释道　一盏纳山茶

——纳山云舍山场的风雅名坑涧

　　纳山云舍的山场，都有风乎舞雩的儒气，安稳静寂的禅味，飘然世外的仙风。武夷正脉之地，天生天养之区，有山场曰砂仁坑、观音岩、诸母岗等；当然，纳山云舍山场还涵盖了武夷正岩的名坑涧三处：慧苑坑、九龙窠、马头岩。于是，在武夷正脉、天生天养的健康养生茶的灵动上，纳山云舍茶又流淌了千载儒释道的厚重。

慧苑坑·儒·以茶当酒

　　"忆住潭溪四十年，好峰无数列窗前"，朱子在武夷山居住四十年，与武夷的山山水水有不解之缘。

　　少年时，朱子曾与先生刘子翚过流香涧、慧苑坑到水帘洞与刘衡、刘甫父子论道。至今，水帘洞的三贤祠还供奉着刘子翚、朱子、刘甫三人。水帘洞的水帘如幕，山泉溅玉而下。丹霞的壁崖兀立。刘衡吹笛，刘甫舞剑。刘衡字兼道，曾追随韩世忠在濠州与金兵交战，奉祠回乡后，在崇安县筑大隐楼，又到武夷山的水帘洞建小隐堂。刘甫字岳卿，是刘衡的儿子，与朱子年纪不相上下，也栖隐在水帘洞。刘衡随身带着一把铁笛，山间，霜晨月夜之季，特别喜欢吹笛。刘甫则慷慨舞剑，腾挪躲闪，跌宕生姿！朱子与他们畅谈千古之人、天下之事。空山鸟语，月明星稀。不远，是慧苑禅寺，朱子常到寺中品茶悟道。慧苑禅寺静寂与幽雅，啜一口茶，赛过万般美酒。朱子题有对联"客至莫嫌茶当酒，山居偏隅竹为邻"。

　　以慧苑禅寺为中心，周边的山谷，就是慧苑坑。

九龙窠·释·天心明月

　　武夷山有着广泛的扣冰古佛信仰。

　　扣冰古佛，俗姓翁，法名藻光，武夷山吴屯乡人。生于唐武宗会昌四年（844）二月初八，13岁即出家，精进修行却一直未能悟道。

　　唐咸通十年（869），藻光禅师四处云游，为了开悟，启动了长达五年的苦行之旅，先后参访得道高僧雪峰禅师、鹅湖禅师和禅月大师。咸通十五年（874），藻光回到武夷山，在山心庵（今天心永乐禅寺）静坐修行。中秋的那一夜，他在"五象朝圣"的山顶上打坐。月光皎洁，天空豁然，刹那，藻光禅师开悟。不禁感慨："欲会千江明月，只在天心一轮光处，何用捕形捉影于千岩万壑，以踏破芒屦为耶？"并口诵一偈："云遏千山静，月明到处通，一时收拾起，何处得行踪。"

　　朱子也从"天心明月"的故事中汲取"一月照万川，万川总一月"的养分，并解读"理一分殊"的理学观点。

　　后来，永乐禅寺的僧人用九龙窠的茶救了一位书生丁显，丁显中状元后用红袍覆其茶树，从此大红袍名扬天下。

　　大红袍所在的山场正是九龙窠。

马头岩·道·高岗独立

武夷山是道教第十六洞天——"升真元化洞天"。清董天工《武夷山志》记载：武夷自开辟以来，天造地设，其山之岖崎险峻，水之曲折漾洄，若鬼斧神工，莫可窥测。海内山水之灵异，于斯为最。然自秦汉以降，历为方士羽客隐遁之所……武夷山道士羽客众多，如铁笛仙、白真人（白玉蟾）、金象羽士、十三仙等；道观遗存丰富，如换骨岩云虚洞的"仙女梳妆楼"、三仰峰的"碧霄洞"、隐屏峰顶的"隐屏仙居"、涵翠岩的"活水洞"、天壶峰下的"桃源洞"等。当然，还有马头岩，因形似五马奔槽而名。

马头岩的凝云庵曾是古时武夷四大道院之一。明隆庆年间（1567—1572）道士张德建建凝云庵（后称凝云道观），又有道士建垒石道观，都建在马头岩前。丹山、涧水、宫观、民居、茶园互相辉映。清道光末年（1850），民族英雄林则徐因病从云贵总督任上辞职，奉命返乡，途经武夷山兴游碧水丹山美景。那日，他登上马头岩，见五马奔槽奇岩，满山的古树、茶园、道观时，大为感慨，信步进入凝云庵，欣然挥笔题匾"凝云庵"，并书写"高岗独立"斗方大字。

马头岩山场的肉桂为极品，俗称"马肉"。

山场无外乎"峰""岩""窠""坑""涧"，纳山云舍几乎涵盖了各类山场、各级海拔。纳山人做放心茶、做养生茶、做极品茶，还做有情怀的茶。名坑涧的纳山茶，喝出放心、喝出健康、喝出品位，还能喝出情怀。清纯的茶汤中，儒者见儒，释者见禅，道者见道。

水之涘，山之崖，纳山碧连天

从海拔320米到海拔1 800米，从水之涘，到山之崖，到云之端，纳山云舍的茶丛连天碧绿，如碧云飘荡在武夷正脉的山中。

武夷正脉的纳山茶场，从低海拔到高海拔垂直地跨越了灌木林、常绿阔叶林带、针阔混交林带、温性针叶林带、中山苔藓矮曲林带。再往上，是山地草甸带，万木不生，只有野青芒、金银花、野菊花、泽兰、芒草等。就是说，除山地草甸带以外，纳山云舍的茶树，从水之涘，到山之崖，碧色连天，与天地共生，与万物共生。

万物共生

老子曰：万物并作，吾以观其复。

南怀瑾在《老子他说》中解读："万物并作，吾以观其复"，"复"是回过头看来路。生命的力量，本是无穷无尽，一直保留在那里，永远不生不灭。不生并非断灭相，不是枯寂，更不是完全没有东西，而是说永远有无限的能量存在那里，不会消耗殆尽。这种无比伟大的生命价值，不生，也不灭。在老子叫"复"。

纳山的山场，万物并作，蕴藏着"无比伟大的生命价值"。

海拔200～450米，灌木林中，有棕榈、厚朴、油桐、板栗、杉木、马尾松、檵木、白桦、乌饭、映山红、芒萁、五节芒等。

海拔200～1300米，常绿阔叶林中，有马银花、鹿角杜龙、米槠、多脉青冈、丝栗栲、石斑木、山茶、鼠刺、茜草、鸡血藤、苔草、芒萁等。

海拔1300～1650米，针阔混交林中，有甜槠、中华械、月亮桦、石栎、江南山柳、木荷、黄山松、南方铁杉、柳杉、猴头杜鹃、云锦杜鹃、冬青等。

海拔1650～1700米，温性针叶林中，有黄山松、南方铁杉、白檀、云锦杜鹃、鹿角杜鹃、薄毛豆梨、薄叶丝梨、华东山柳等。

海拔1700～1900米，中山苔藓矮曲林中，有阔叶箬竹、白檫、毛竿玉山竹、华东山柳、黄茎、紫茎、绒毛漆、白蜡树等。

再往上，海拔1900～2100米，我们看到的是一片一片的草地，有野枯草、野青芒、金银花、野菊花、泽兰、芒草、里白、鳞毛狗脊蕨、芒萁、菁茅、三脉紫菀、小连翘、淡叶竹、狗脊藤等。

纳山茶，在武夷正脉，以天生天养的方式，与万物共生。

九龙窠·马头岩·慧苑坑——名坑涧、名丛的山场

九龙窠·马头岩·慧苑坑，武夷茶的坑涧茶场的核心区。海拔320～400米。

名坑涧之茶，卓尔不群，岩骨花香，风华绝代。大自然与小气

候，砂岩与青苔，云雾与流水，无不馈赠着天地之灵气，无不孕育着天地之精华。

名丛茶树，生长在坑涧窠谷的高岩峭壁上，岩壁矗立，日照不长，细流涓涓，云雾穿绕，细泉滋润茶树，櫹木、白桦、映山红、乌饭、幽兰、苔藓等植物腐烂形成的有机物，肥沃土地，为茶树补充养分，于是，名坑涧的纳山茶天赋不凡，得天独厚，品质超群。

西坑庙——最佛性的山场

纳山云舍的西坑庙山场，平均海拔580米。西坑庙山灵水秀，有许多自然人文景观。有历经风雨300年的太子桥，有几百年跫音的茶马古道，如今西坑庙，依然香火不断，西坑庙的茶，就带上了山水清气与佛性。

砂仁坑——最药性的山场

纳山云舍的砂仁坑山场，平均海拔700米。山场盛产中药"福建土砂仁"，故当地人取名"砂仁坑"。山场水中含有丰富的有机物，因而土壤润泽肥沃，常年云雾缭绕日照少，土壤是酸性岩石风化而成的烂石紫色砂砾岩，正是极适合茶树生长的环境。兰花、砂仁、鱼腥草、广西过路黄——百草是药。砂仁坑的茶与百草共生，成了最有茶味，又最为养生的好茶。

坳头——最果香的山场

纳山云舍的坳头山场，平均海拔900米。坳头坐落于风景秀美的武夷山自然保护区内。北宋宣和年间（1119—1125），江西路氏迁此，因处山坳顶部得名。此山场层林叠翠，有五柳关、鱼洋谷、唐石涧、卧石听泉、七折三磬、竹径听蝉等8个名胜景点，素有"蛇的王国""昆虫的世界""鸟的乐园"之称。

山中，江南越橘、野猕猴桃、赤楠、野柿遍布，而坳头村又属正山小种红茶的正山区，因此，此山茶的茶花果蜜香明显、水厚，有独特的山场味。

雷公口峡谷——最纯净的山场

纳山云舍的雷公口峡谷山场，平均海拔1 000米，是纳山云舍最纯净的山场。山场位于武夷山的高山峡谷，是国家级自然生态保护区，闽江源头汇水区，水源纯净，富含矿物质。如今，雷公口的水已被直接铺设管道引至武夷新区，为新区唯一的饮用水源。

三班顶——最花香的山场

纳山云舍的三班顶山场，平均海拔1 200米，是云锦杜鹃与鹿角杜鹃的天堂，建兰也开着幽香的花，野茶丛与野花并生，吸天地之精华，纳百花之香气。

观音岩——最岩韵的山场

纳山云舍的大、小观音岩山场，平均海拔1 200米。观音岩是武夷山九十九名岩之一，位于武夷山狮子峰西南。两岩毗连，大小不同。山中层峦叠嶂，花卉丛生，藤萝牵绕。两岩螺髻堆翠，似观音大士头上的高髻，故名大、小观音岩。

明代文士苏伯厚诗曰："巉岩怪石拥青螺，面面人看是普陀。欲识个中真色相，一轮明月印清波。"此山场的茶岩韵奇特，不可名状。

诸母岗——最云端的山场

　　纳山云舍诸母岗山场，平均海拔1 550米，是纳山云舍山场中最云端的山场，屹立于建阳区、武夷山市、邵武市、光泽县交界处。方圆百里，荒无人烟，原始植被生长茂密，古木参天，涧水清澈幽蓝，林中有猛禽鸟兽。诸母岗是华东地区唯一未被破坏的自然莽荒之地，也是武夷山自然保护区的中心地区。山中，云海翻滚，犹如人间仙境。山风裹挟的雾如团似絮。远处山峦，近处草甸，在云雾中皆忽隐忽现。

　　武夷正脉的纳山茶场，从海拔320米的水边，到海拔1 800米的云端，纳山茶丛从水之涘，到山之崖，碧色连天，与天地共生，与万物共生，天生之，天养之。

纳山茶基地再添新成员：慧苑坑、九龙窠、马头岩实力加盟

　　纳山云舍茶基地拥有武夷山自然保护区天生天养高海拔茶山共700多亩。山场包括了山班顶、砂仁坑、观音岩、大坡、坳头，雷公口、诸母岗、长见茶马古道等28处。

　　2017年的纳山云舍，喜讯不断，不仅镇店之宝"云谷留香"在厦门市茶业商会2017秋季茶王争霸赛中斩获"茶王"称号，而且纳山茶基地还迎来了新伙伴的实力加盟。纳山云舍与慧苑坑、九龙窠、马头岩三处地方的16亩茶园达成了合作协议，成为纳山茶基地的一份子。

　　这三处新基地在岩茶界享有很高的声名，都属于正岩茶产区。

正 岩 茶

武夷山素有"九十九岩"之说，"岩岩有茶，非岩不茶"，这九十九岩几乎被70平方公里的风景区所含括，这些地方土壤通透性能好，钾锰含量高，酸度适中，茶品岩韵明显。所以现在国家统一标准，将武夷山风景保护区所产的岩茶都称作正岩茶。这其中就包括了慧苑坑、九龙窠和马头岩。

慧 苑 坑

慧苑坑是武夷山著名的"三坑两涧"中的第一坑，也是"三坑两涧"中区域最大的，在牛栏坑的北侧平行线上，是武夷岩茶的重要产地。内鬼洞、外鬼洞和竹窠分布在它的两侧，史上传说中的八百名丛出自这里，目前仍有铁罗汉、白鸡冠、白牡丹、醉海棠、白瑞香、正太阴、正太阳、不见天等珍稀名丛。

九 龙 窠

武夷岩茶最为人所知的一定是大红袍，而鼎鼎大名的大红袍母树就在这九龙窠中。这是通往天心岩的一条深长峡谷，峡谷两侧峭壁连绵，逶迤起伏，形如九条龙。人们遂把峡谷喻之为游龙的窠穴，九龙之间呈现一座顶部略呈圆形的小峰峦，称为龙珠，故又称九龙戏珠。

马 头 岩

大家所熟知的"马肉"就产自马头岩。

武夷山马头岩，因岩石形似马头而得名。马头岩区域内的

土壤含砂砾量较多，土层较厚却疏松，通气性好，有利于排水，且岩谷陡崖，岩岗上开阔，夏季日照适中，冬挡冷风，谷底渗水细流，周围植被较好，形成独特的正岩茶必需的土力。

独特的地貌造就了马头岩肉桂辛锐的桂皮香气和醇滑甘润的口感，今天的"马头岩肉桂"，即俗称的"马肉"，已经成为武夷肉桂的重要代表之一。

砂仁坑：天生纳山，天养纳山茶

和　　谐

几乎，每一座纳山山场的山顶，就是我说的云端。

砂仁坑山场的巅顶，也是云端。

云端之上，有巨大的石块堆着垒着叠着，其中一块平坦如砥，可以坐着，听风。

巨石旁边，石缝里，嵌着个木箱，是蜂箱。

他对我说，这里，就在这里，有熊出没。

我说：真的有吗？

他说：真的，还有黄金蟒。

　　我听到婉转的鸟鸣声从树林中传来。此起彼伏，喧阗的时候，就好像百鸟朝凤。远山，是层层叠叠的云。

　　登临送目，壮怀天地，一起前来的几位朋友不由啸叫起来，"呜喂"的嘹亮声音传过山传过水传过林梢，与风唱和。

　　纳山的茶，是和谐共生的生态圈中的一个结点，没有哪一个物种在这里横行霸道，包括虫们。

虫　　趣

　　人间四月，万物勃发，山中虫豸也迎来了黄金时代。

　　事实上，我在纳山看到许多虫。

　　有螳螂，有毛毛虫，有红蜘蛛，还有我认不得的各种各样的虫……

　　它们精致而健硕。

　　它们因为天地山水的眷顾而精致。

它们必须有足够的健硕才能逃脱天敌的捕食，甚至仍然不能逃离。

如今，我们已经养成了看虫买菜的习惯——有虫的菜没有农药。

我见过许多虫，但没见过纳山如此秀美的茶叶上居然有如此秀美的虫们。

纳山人对这些虫们持有非常宽容的态度。

除了黄色的粘板，没有采取任何灭虫的手段。

因为那些虫们只是生态链中的一个节点，去消灭它们反而破坏了和谐。

砂　仁

这一座纳山的山场叫砂仁坑。

砂仁坑的茶垄坡度高，一畦畦的茶错落着生长，因为通透，所以干净。

砂仁正在开花——它们是福建土砂仁。

性味：性温，味辛，涩。

功效：燥温祛寒，除痰截疟，健脾暖胃，用于心腹冷痛、胸腹胀满、痰间断积滞、消化不良、呕吐腹泻。

谷地中，土砂仁正怒放着细碎的小花。

砂仁坑的茶，在土砂仁的花气中，也长成了一款温润如玉的药。

砂仁坑，天生纳山，天养纳山茶！

沙包土、散射光、海拔700米。

砂仁坑的土质是非沙非土的砂砾石，之前林业路还未硬化前，道班的修路工人可以直接取土铺路。

砂仁坑的茶山天然地保留许多高大的乔木，茶叶在雾中、在散射光中成长。

砂砾土——有了岩韵。

散射光线——最宜茶的成长。

而且，砂仁坑的海拔是700米——是最适宜茶生长的海拔。

这是一处极致的茶的天然环境。

天成大境！

枫树的秘密

砂仁坑的草与茶共同生长，或者，你还可以看到茶丛与草丛并生的奇特现象。

这是一片没有化肥与除虫剂的土地。

当然，枫树也有功劳。

这是他说的一个秘密。

他说，你看，有好多枫树。

是的，郁郁葱葱。

有枫树，茶叶就一定不长虫。

为什么？

喜欢吃更香的树叶，枫树的树叶就是。

枫树的秘密，就是纳山的秘密。

武夷正脉，纳山山场，天生天养，天成好茶。

纳山行

霏霏烟雨漫山坡，
云雾无边奈若何。
去岁采茶松下客，
今年还来践约么？

几人还记那时伊？
一盏茶中言旧事，
开尽桐花月又西。
东风过处草萋萋，

纳山茶舍小桥边，
一片枫杨几树烟。
摘得一支无患子，
此生无患度流年。

寻涧之源，寻茶之源

黄坑茶多，沿武溪溯源而上，有一小村叫长见，"长见"古称"长涧"。

水从自然保护区流下来，形成一条潺潺湲湲的涧水，"长涧"之名由此而来。

漫长的故事与几座优雅的纳山云舍茶山场就分布在长涧的涧边。

长涧两边的山麓，曾满是茶园，如今草木繁茂的山地还有层层叠叠的被开垦痕迹与石砌的台地，留存着古老的野茶——这些古老的野茶有一部分已由纳山云舍管理，部分已成草木丰茂的野山。

偶尔的黑瓦屋，安详宁静，炊烟起，人间烟火。

　　村民聚居长涧，往来跨涧不便，就沿着石涧架设石拱桥，一座又一座，传说有九座半的桥。遗存最壮观的一座叫太子桥，横跨河涧。薜荔藤萝缠绕的桥身，沿卵石河床倾泻奔腾的溪水，石拱弧形之外的天空和青山，如果衬上几朵云彩和几抹云烟，堪称妙绝。

　　卵石滩上，可以戏水，可以寻奇石，可以体味水边的清风……

　　太子桥边有一座古寺叫洪公庙，洪公不知是哪里的神仙。庙后建有一座义冢，石碑上无名，除了"义冢"二字和时间标识外，只有一个太极图。碑石立于光绪二十三年（1897）。既然是义冢，就一定有动人的故事。

　　这一带逶迤着九峰山，朱子的得意门生蔡沉在山下注《尚书》。蔡沉号称"九峰先生"。朱子最终，"龙归后塘"，选择黄坑为身后归宿。

　　长涧周边所产的茶有着悠远的历史，可追溯至唐宋，后历经短暂的元朝统治，到了明朝洪武年间，黄坑的茶叶愈加繁茂，小种红茶声名渐盛。小种茶是云雾之中的高山好茶。除了茶，黄坑还盛产竹、木、笋、菇、松脂、桐子……丰饶物产必然引来大量的商贾。商贾云集在长涧或北上或南下，将黄坑的商品运送到遥远的地方。

　　北上有出省官道——茶马古道，那卵石间杂石条的古道，还回响着当年马踏石阶的跫音。茶马古道沿长涧之水溯源而上，翻过山峦，进入大竹岚的密林深处，出桐木关，或出风水关，直奔江浙而去。或顺水而下，抵黄坑镇，商贾们在黄坑的水边拜过天后宫中的妈祖，继续往下游走，沿建溪入闽江运往福州；也可一路向南往邵武、光泽出省而去。

　　沿长涧溯源而上，到保护区。坳头村就在保护区内，再走一段山路，到先峰岭山巅。山巅建有一处瞭望台，可瞭望大竹岚连绵的群山。这片群山是植物的乐园、鸟兽的天堂、蛇的王国，是天生天养之地。

纳山云舍茶，就在涧边、山中、云生之处。

到黄坑，走茶马古道，观群山的竹海，看长涧的拱桥，再品一杯天生天养的纳山云舍的香醇红茶，不正可以满足一番访古探幽的雅兴？不正可以洗尽俗尘飘然世外？

不妨，到长涧的水之源看看，到长涧的茶之源看看。

纳山云舍，不平凡的寻茶之旅，请君到黄坑纳山的山场来，走古道，观竹海，看茶山，戏涧水，步拱桥，品香茗……期待相约！

赴一场纳山的虫之约

儒家说：民胞物与

释者说：众生平等

道家说：万物并作

谷雨前后，纳山的茶芽茁壮成长

云山之上，有虫有蝶有鸟有蛇

也有翱翔的鹰隼

还有奔走的猛禽

这是一片生机盎然的世界

这是一片可以体悟天地的世界

人法地地法天天法道道法自然

感谢朱旭先生之邀

让我有机会把镜头对准纳山的茶芽

仅半个小时
就看到了山中那五彩斑斓的虫世界
在纳山邂逅了一场美丽的虫之约
于我而言
有了一次直面虫的世界
直面自然的灵魂
也直面自己内心的"博物之爱"的机缘
并由此滋养我们与世间万物相处时所应拥有的更为广阔的心

万物本相亲
虫儿虽小，但一虫一世界
与虫在野，我与纳山同乐
山里爱长什么长什么
爱长成什么样长成什么样
日月山川，草木虫豸，万物并生
纳山是一位胸怀博大的馈赠者
除了馈赠极品佳茗
还馈赠砂仁、枫香、木荷、蕺菜……
馈赠飞蝶、浪蜂、鹰隼、猛禽……
更馈赠心灵的高度
——道法自然

此次之行
从另一个视角
验证了
纳山茶的
——生态意义
与"道"的高度
待来年谷雨
邀约君至纳山
来一场微观虫世界的神奇之旅

古茶山·古茶树

说到茶园，你的脑海中可能会浮现如菜畦一样的画面
你可曾想过还有不像茶园的茶园
严格说，这不叫茶园，这叫山场
多个山场组成了纳山云舍野茶基地
野茶，顾名思义就是野生之茶
纳山云舍拥有原生态高海拔古茶山七百余亩
山上茶树顺应天地，自然生长
不施化肥、不施农药、人工除草、人工采摘
之后以古法烘焙
制出纯正甘润、回味无穷的香茗
纳山野茶中尤以古树野茶为珍

历经沧海桑田的古茶树

吸天地之灵气、汲日月之精华

生长出极其珍稀的灵芽

原生态、高海拔、人迹罕至的深山之中的纳山云舍野茶基地，拜上天所赐，有96株百年以上古茶树

纳山人每年只采一季的茶

只做一季的茶，就是春茶

茶树经过夏、秋、冬漫长的蛰伏与蓄积

又有高山降雪消灭越冬的病虫害

并补充水分，积累更多营养物质

至春天养分回流，厚积薄发

由于高海拔山场特征，纳山人每年5月初才开始采制春茶，精心制作后在隔年上市。因而纳山茶汇集了更多的茶多酚、茶氨酸、维生素等有机质和芳香物质

纳山有一株长在武夷保护区深处、1 200米高山岩缝之中的古茶树

树高约5米，树龄估算在500年以上

为纳山云舍上百株野茶树中的精华

这棵古茶树，已长成纳山人秉承"天生天养"的精神皈依之树

馈君纳山茶，赠君一片山

茶者，南方之嘉木也。一尺、二尺，乃至数十尺。

——《茶经》

茶，是生于南方山中的嘉木
嘉木生于好山水
南方好山好水的纳山
正是嘉木的福地
慧苑坑、马头岩、砂仁坑、雷公口、观音岩……
那是纳山云舍的山场
山水毓秀福地
嘉木佳茗洞天
一芽茶，取自洞天，取自福地

春雨惊春清谷天

立春、雨水、惊蛰、清明、谷雨

纳山见证了

纳山云舍茶的每一片叶芽的萌生与舒展

清明时节终见明丽与清亮的碧绿茶芽

撷自洞天福地的纳山茶

源自山野造化

一片茶，能窥见一脉山水

一杯茗，能悟出万般风月

清明前后

纳山茶闪亮登场了

深藏云雾气，吹惯自然风

纳山云舍茶的茶气自足

水面风回聚落花，丹霞云间仙气重

纳山云舍茶的仙气自足

新月天如水，清气满乾坤

纳山云舍茶的清气自足

纳山云舍的清明茶啊——

茶气袅袅，仙气飘飘，清气飏飏

纳山，南方好山水

纳山茶丛，南方嘉木

纳山茶，南方佳茗

清明节至，采得茶芽，制得佳茗

一片茶，能窥见一脉山水

一杯茗，能悟出万般风月

馈君纳山茶

赠君一片山

纳山归来不看茶

问道，武夷山，纳山云舍的坑涧山场
岩骨花香道
无上清凉、惬意，日光散淡
或者
微风、朦胧
烟雨缥缈，云卷云舒
让人欲说还休
欲罢不能

寻源，大竹岚，纳山云舍的自然保护区山场
自然保护区蓊郁的林地

充满了潮湿的气息
在水的源头
山的巅顶
无上清凉

想起生命的源起
放下执念
与其
滚滚红尘中
狂妄地执迷不悟
不如到纳山来看茶
山，旷达高远
云，轻盈空灵
天，干净澄澈
足以
沉醉无边的纳山山色中

朵云
如烟似絮
棉一样的白
飘过我们的视界
山风
沁人心脾
丝一样的软
涌进我们的心田
春暖花开
绿野仙踪
阳光下的茶叶
绿得悠远，宁静

阳光下的茶园
和煦，清丽
足以
放下一切执念

红尘外，宁静
我们的疲惫与阴郁
已然消去
我们的焦躁与不安
已然熄灭
静静体悟纳山的茶树
郁郁葱葱
心向阳光
喜欢纳山的意境与高度
它帮助我们提升
离开浮躁的空间
飘然红尘之外

喜欢清冽、干净的纳山之水

潺湲而来

略带清寒

柔软、缠绵

又义无反顾的孤傲

无所畏惧

勇往直前

为什么

纳山的澄澈与宁静能涤荡心灵

是不是纳山的山

纳山的水

纳山的云

纳山的茶

背后

有一颗透明宁静的心

心心念念纳山

思念

穿越记忆飞奔而来

大片大片的思念

震撼人心

站在纳山上

想起你

用心感受

感受山色空蒙

感受自己的身体与心灵

止息

忘却欲望与杂念

在纳山

置身事外

无上清凉

愿我们

纳山归来

茶满心中

茶清吾心

心中长出一片海

眼里藏着一束光

山光水色处

有年轻美丽的背影

可以

不再看茶

因为——心心念念的纳山茶

因为——茶已植于心中

山花开似锦 涧水湛如蓝
—— 禅意中的纳山云舍

儒和禅都讲"定"。

儒说：定而后能静，静而后能安，安而后能虑，虑而后能得。

禅说：戒生定，定生慧。

纳山云舍的山场、茶文化体验馆都是适合"定"的地方。砂仁坑，清秋十月，茶花开了；长涧的山场，三春来时，涧水如蓝；茶文化体验馆，本色的桌凳、幽雅的盆栽……

武夷正脉，气象万千；天生天养，花红水绿。

让人想起《碧岩录》里的一则禅门公案：

僧问大龙："色身败坏。如何是坚固法身。"龙云："山花开似锦。涧水湛如蓝。"

一天，大龙禅师的一位门生问他："老师，有形的东西一定会消失，难道世上没有永恒的东西吗？"大龙禅师回答道："山花开似锦，涧水湛如蓝。"

禅机不容易解。

我们是否可以这样认为：开的花，总会倏然飘落；流的水，总是转瞬即逝。万物无常，而人类正因为认识了世事的无常，反而更加开阔豁达。于是，我们任由云卷云舒，依然安稳自在，保持"定"力，智慧通达。

我们是否还可以这样理解：苏东坡在《赤壁赋》中写道，"惟江上之清风，与山间之明月，耳得之而为声，目遇之而成色，取之无禁，用之不竭。是造物者之无尽藏也，而吾与子之所共适"，开的花、流的水，不归属于谁，其颜色鲜艳，其水声动听，我们因此而可以享用到恒久的自然之美，不再为世事无常而忧心。于是，我们任由水流花谢，依然安稳自在，保持"定"力，智慧通达。

纳山云舍的山场和茶体验馆，有"儒释道"的意味，自然不离禅味。

我走过许多纳山云舍的山场，曾带着茶具，比如白瓷杯，当我将白瓷杯置于山之巅、水之中，茶杯与天地相融，便也有了"山花开似锦，涧水湛如蓝"的禅意，我特别喜欢清水与游鱼相伴的那张照片，动静相宜，让人沉静。

你也可以到纳山云舍的茶体验馆来，避离尘世，放松心情，收获内心的平静。

岁月流转　时节嬗递

纳　山　云　舍

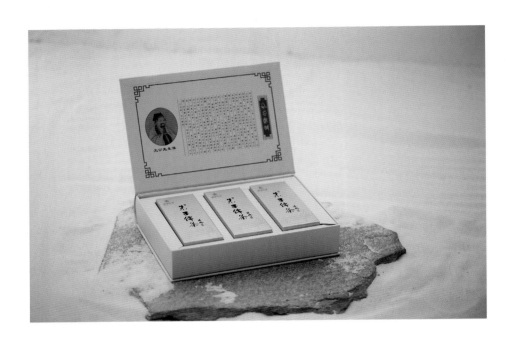

纳山云舍茶

——春节的人间烟火味

盖人家每日不可阙者，柴米油盐酱醋茶。

——宋代吴自牧《梦粱录·鲞铺》

早晨起来七件事，柴米油盐酱醋茶。

——元代武汉臣《玉壶春》

柴米油盐酱醋茶，是人间烟火的凡俗之物，必备之物。

茶，或自烹自饮，或待客共饮，宜老宜少，宜男宜女。

茶是大雅的，也是大俗的。

能大雅，也能大俗。

能大雅，方能大俗。

爆竹声中一岁除，台湾茶商有特殊的围炉茶会。茶桌下，摆起火盆，好友、知己聚起来，红彤彤的炉火，吱吱冒热气的水壶，醇

酒般的茶汤。天气仍寒，天风仍冷，地气仍冻，围炉煮茶，亲人相聚，好友围炉，促膝而谈。无论是谈人间烟火，还是诗词歌赋，还是今古传奇，还是人生哲理，都是满满的温暖。所谓"寒夜客来茶当酒"，写出的正是这种温暖。

世间温暖，就在一壶茶中。就算一个人独处的寒夜，就算无客来访的寒夜，煮一壶茶也是极快乐的！于谦有《寒夜煮茶歌》：

老夫不得寐，无奈更漏长。霜痕月影与雪色，为我庭户增辉光。直庐数椽少邻并，苦空寂寞如僧房。萧条厨传无长物，地炉蓺火烹茶汤。初如清波露蟹眼，次若轻车转羊肠。须臾腾波鼓浪不可遏，展开雀舌浮甘香。一瓯啜罢尘虑净，顿觉唇吻皆清凉。胸中虽无文字五千卷，新诗亦足追晚唐。玉川子，贫更狂。

于谦说："一瓯啜罢尘虑净，顿觉唇吻皆清凉。"这是烟火味。

于谦说："胸中虽无文字五千卷，新诗亦足追晚唐。"这是名士味。

纳山云舍的茶，源自武夷正脉的山场，秉承天生天养的栽培，有儒家的真味，有医者的仁心，有佛家之禅意，当然，也有人间的烟火味。大雅大俗！

春节来了，腊月的寒意仍浓，为自己煮一壶纳山云舍茶，为客人煮一壶纳山云舍茶。

一壶纳山云舍茶，备于腊月与春节，喝出朋友的温暖，家庭的温暖，还有，人间烟火，一生的温暖。

逢佳节，敬一杯武夷山最干净的茶——纳山云舍茶，愿时和岁丰，国泰民安，家家喜乐！

纳山云舍茶

『煨春祛疫』

南方，有的城市迎春，有"三茶六酒"祭祖的习俗。除夕要供茶水，正月初一要供年茶；正月来客要喝冰糖茶，喝了冰糖茶，可以一年到头甜蜜蜜。

从除夕到春节，民间一直都是茶香弥漫的。

立春亦然。立春甚至有更夸张的茶俗——煨春。

立春日烧樟叶，燃爆竹，啖枣实，煮茗以宣达扬气，名曰"煨春"。

茶叶的性质温苦、微寒。因此，喝茶可以清热，降火，消食，醒睡，还能治疾疮，利小便，去痰热，止湿，令人少睡有力，治疗疲劳性神经衰弱。浓茶、老茶，有强大的杀菌功用，可以预防传染病，可帮助吐出风热痰涎。立春这一天，天地之间的阳气开始升腾，人体的阳气也开始生发，在立春的时候煮茶喝，可以提升阳气，振作精神，俗称"煨春"。

在春节里，文人喝茶也很烟火，融入民间，像"煨春"一般俗。

食罢一觉睡，起来两瓯茶。
举头看日影，已复西南斜。

白居易，吃得饱饱的，起床后，有点腹胀，于是，来两瓯茶消食。白居易的诗句是俗，却也是养生之道。

瓦铫煮春雪，淡香生古瓷。
晴窗分乳后，寒夜客来时。

瓦铫里面煮化春天的雪，淡淡的清香从古瓷里冒出来。晴朗的窗前，茶汤如同泼乳；寒冷的夜里，客人来了烹茶。春节的时光，用瓷器喝佳茗，热腾腾的是热情。

纳山云舍茶，源自武夷正脉的山场，秉承天生天养的栽培，原生态的生长，高海拔的地域，制茶者是朱子后人、医学专家朱旭。朱旭有儒家的真味，有医者的仁心。

立春前后，来一壶纳山云舍茶，可以迎来送往，可以祭祖守岁，可以春雪煎茶，可以煮茶消食，更可以提升阳气。"煨春"，庚之岁，非常时期，茶亦是祛疫除邪之良方。

值此立春之际，敬上一杯纳山云舍茶，祝君四季平安，岁岁吉祥！

清 明
——茶之祭

九五之尊 · 茶饮之祭

南朝齐永明十一年（493），南北朝时期的齐武帝萧赜遗诏说：

我灵上慎勿以牲为祭，唯设饼、茶饮、干饭、酒脯而已，天下贵贱，咸同此制。

古代皇家祭祀，用的是牛、羊、猪等牺牲，这位叫萧赜的皇帝有恻隐之心，有节俭的精神，他临终前说：祭祀我不要用牛羊猪这些，只用饼、酒、干饭，还有茶，以后不论贵贱，全部按这制度去施行。

南北朝之后，以茶为祭便逐渐兴起。

五岳独尊 · 茶宴之祭

唐朝，五岳独尊的泰山，流传着文人雅士以茶宴祭祀的故事。《泰山述记》记载王母池西侧的岱岳观有一块石碑，刻有诗作。诗后有一题记"贞元十四年（798）正月十一日立春祭岳，遂登太平顶宿。其年十二月二十一日再来致祭，茶宴于兹"。

皇室仪礼 · 郊祭焚香

宋朝，清明前的茶是源于武夷山脉的建溪两岸之茶。欧阳修的诗句有云："建安三千里，京师三月尝新茶。"清明郊祭之后，宋王朝的帝王会分些茶给近臣。于是，武夷山的茶香在清明祭前就飘荡开来。

徐献忠《吴兴掌故集》记载：

我朝太祖皇帝喜顾渚茶，今定制，岁贡奉三十二斤，清明年（前）二日，县官亲诣采造，进南京奉先殿焚香而已。

明太祖朱元璋喜欢顾渚茶，于是每年向顾渚定制奉32斤的贡茶，必须在清明节前两天送到南京。这批茶由当地县官亲自采摘制造。制成后送到南京奉先殿的祖宗灵位前焚化。

茶人之祭 · 奠祀喊山

采茶，得有茶之祭。遥远的晋代，有就奠祀神灵而采摘佳茗的故事。

余姚人虞洪入山采茗，遇一道士牵三青牛，引洪至瀑布山曰："予丹丘子也。闻子善具饮，常思见惠。山中有大茗可以相给，祈子他日有瓯牺之余，乞相遗也。"因立奠祀。后常令家人入山，获大茗焉。

　　故事出自晋代的《神异记》，话说余姚的虞洪，是茶工，入山采茶，遇到一位道士，道士牵着三头青牛。缘分就这么开始了。道士带着虞洪到瀑布山，对虞洪说：我是丹丘子，听说你是煮茶高手，我呢，常常想能分到点尝尝。我发现这山中有大茶树，带你来采摘，希望你以后有剩茶的时候，留一点给我。虞洪果然采到佳茗。回家后，不忘引路的丹丘子，立像祭祀。此后，他常常让家人进山，都能采到好茶叶。

　　在明代，皇室对武夷茶的需求量大增，《明史·食货志》载："太祖时，建宁贡茶一千六百余斤（含全府各产茶区贡额），隆庆初，增至二千三百斤。"于是，清明前15天的惊蛰，官吏到武夷山致祭御茶园边上的通仙井，祈求井水满而清，祈求茶叶丰收，用以制贡茶，祭祀完毕，鸣金击鼓，同喊："茶发芽！"

朱子与纳山·茶之祭

　　朱子在给学生林择之的信中，有一段这样的记载：

　　深父遂死客中，深为悲叹……烦为于其灵前焚香、点茶，致此微意，累年相闻而不得一见，甚可恨……

　　从信中看，朱子经常听到这位叫"深父"的朋

友的名字，却从未相见，然而，为了表达内心的情感，朱子特别交代林择之到深父的灵前焚香、点茶，以表吊唁之情。

　　茶有灵气，可通鬼神，可通天地；于是，采茶前的虔诚与喊山，就能唤醒那有灵气的佳茗。
　　纳山云端上，三月尝新茶。
　　清明时节，纳山云舍的茶丛在"茶发芽"的声中，在天地的怀抱中苏醒过来！新茶登场了！

谷雨养生：喝纳山谷雨茶

茶之最佳者，乃谷雨茶。

谷雨时节，最能品到上好的茶。

元代的张可久在《人月圆·山中书事》的曲中吟唱：

山中何事？

松花酿酒，春水煎茶。

松花酒正是酿于谷雨前后，此时，马尾松开花。酿酒者将雄球花摘下，晒干，搓下花粉，除去杂质，蒸熟，用绢包裹，与酒同置入容器里，密封浸泡10天后即成。松花酒可以祛风益气，润肺养心。适用于体质虚弱，头昏目眩，中虚胃痛，皮肤时作麻木不适等症。

酿松花酒的时节，也是喝谷雨茶的时节。

明代许次纾在《茶疏》中谈到采茶时节，他说：清明太早，立夏太迟，谷雨前后，其时适中。

谷雨是最佳的采茶、制茶季。

宋代黄庚在《对客》一诗中写道：

诗写梅花月，茶煎谷雨春。

谷雨煎春茶，在诗人看来，是一件极雅的事，与梅花写月诗一样。

谷雨茶之所以最佳，自有其道理。

谷雨谷雨，雨生百谷，花开百福。

谷雨时节，天清地明，光照较好，温度上升，空气湿度大。

经过蓄积力量的植物开始吸收天地的能量。

草木萌蘖滋长，万物欣欣向荣。

茶芽叶生长较快，芽叶肥醇，发育充分，叶肥汁满，积累的内含物也较丰富。

这样的谷雨茶富含多种维生素和氨基酸，营养与矿物质都十分丰富。含有的生理活性成分，具有杀菌消毒的作用，又因为谷雨生长在温和的春季，春季温度也适中，所以谷雨茶还温良去火，有极佳的养生保健功效。

谷雨茶，具有独特的时令特点，口感大多清甜甘口，香气四溢，令人满口生津，充满浓郁的春的气息。

谷雨的纳山，云气飘飘，雨雾淡淡，纳山的谷雨茶，最有谷雨春韵。

纳山云舍，谷雨春茶，为君而备！

兰汤沐浴体生香，喝端午茶驱百病

　　端午节又称端阳节、午日节、龙舟节、浴兰节等，是中国四大传统节日之一。

　　端午茶，制作于端午节正午。

　　福建是端午茶的流行区域之一。

　　红茶是端午茶的重要原料之一。

　　以纳山云舍的红茶为原料制端午茶，绝佳！

　　陈宗懋、杨亚军主编的《中国茶叶词典》（2013）中有一条"端午茶"的词条，具体如下：

　　端午茶，民俗岁时茶饮。端午节正午制作饮用。流行于江浙、福建、台湾等地。选用苍术、柴胡、藿香、白芷、苏叶、神曲、麦芽、红茶等原料经压制而成，泡服或煎饮均可。具有祛风散寒、消食和胃的功能。旧时有钱人家专门制作施舍，财力不裕的人集资制配储备，药店则向有交往的顾客免费赠送。后收入《经验百病内外方》，发展为适用于伤风感冒、食积停滞、腹泻腹痛等症的中成药。

显然，福建是端午茶的流行区域之一；显然，红茶是端午茶的重要原料之一。

制端午茶，选取纳山云舍的红茶为原料，绝佳！

粽子，又叫"角黍""筒粽"。粽子，最初是用来祭祀祖先和神灵，到了晋代，粽子成为端午节庆食物，绵绵延延，我国一直都有端午吃粽子的习俗。除了在中国盛行不衰，粽子还流传到朝鲜、日本及东南亚诸国。

粽子，糯米制，热量高，黏性大。佐之茶，最适合。茶中的有效成分能够帮助消化和解除油腻。红茶、乌龙茶，尤其是纳山云舍的红乌龙就显得与"粽"不同了。

纳山云舍的红乌龙茶促进消化，避免积食，可降脂、减肥、帮助消化，对人体中的类脂化合物胆固醇、硝酸甘油和血尿酸等有不同程度的抑制作用。

端午还有"兰汤沐浴"的习俗。

《楚辞·九歌》中便有"浴兰汤兮沐芳，华采衣兮若英。灵连蜷兮既留，烂昭昭兮未央"的兰汤浴。端午节，另一名字正是——浴兰令节。

古人浴于兰汤，用香草水洗澡。他们认为兰草避不祥，所以用兰汤洁斋祭祀。《大戴礼记·夏小正》记载："五月……蓄兰，为集浴也。"五月被称为"沐兰之月"。

兰汤沐浴后有异香绕身，蚊虫不侵。

　　浴后，泡一壶纳山云舍茶，放松身心，涌起的是"端午临中夏，时清日复长"的诗意。

　　五六月，端午季，梅雨季，气候湿热、蚊虫骚扰，吃粽子，浴兰汤，再品一品纳山云舍茶，那武夷正脉、天生天养的优质茶，不仅解暑、祛湿，还祛积食，防病健身、美容养颜——兰汤沐浴体生香，喝端午茶驱百病。

武夷山的董天工，清朝人，记载七夕节时，写过一段话：

七夕为乞巧会，家家设牲醴、果品、花粉之属，夜向檐前祝七娘寿。或曰：魁星于是日生，士子为魁星会，竟夕欢饮。张巡方有诗："露重风轻七夕凉，魁星高燕共称觞。幽窗还听喁喁语。花果香灯祝七娘。"

原来，七夕是俊男靓女的狂欢节日。

家家摆出茶果花粉，夜里，那些姑娘们就到屋檐下，向天上的织女——七娘祝寿，每位姑娘都祈祷自己心灵手巧，于是，女孩子们度过了快乐之夜。

士子们也不虚度，因为七夕也是魁星的生日，每位士人都希望自己有朝一日榜居五经魁首，于是，他们因为魁星的生日而欢会，也度过了快乐之夜。

那一夜，月半弯，月光下，一张桌子，桌上置茶、酒、水果、五子（桂圆、红枣、榛子、花生、瓜子）；花瓶中有鲜花，扎以红纸……

那一夜，魁星会，酒宴欢饮，烹茶品茗。

如水良辰，如花美眷，如歌岁月。

七夕夜，鹊桥会，茶为媒，约定——此生心灵手巧，此世经书烂熟；此生此世有情人相知相守。

空气，茶烟轻轻袅袅，细香缕缕。

暗惹一抹光阴，留驻简约静好。

纳山云舍的茶，源自武夷正脉，天生天养。

纳山云舍，制的是最干净的茶。

清新如你，骄傲如你，柔情如你，野蛮如你……

苏子云：从来佳茗似佳人。

七夕的时光，每品饮一次纳山云舍茶，都是思念你一次。

纳山云舍的茶，源自武夷正脉，天生天养。

特立不群，香峰独秀，一览众山，云气开合。

七夕的时光，每品饮一次纳山云舍茶，都是读儒家经书一次。

一次又一次，开卷有益，五经熟背。

七夕，属于姑娘们的时光，属于士子们的时光。

有着有情人终成眷属的念想；

有着科场之中五经魁首的念想；

此时，纳山云舍茶，就有了寄托之意。

来自大自然保护区的纯粹的纳山云舍茶，就是一份信物；就是一份理想的寄托；就是一份念念不忘的牵挂。

金风玉露一相逢，便胜却人间无数。

七夕将至，以纳山云舍茶为赞，为七娘祝寿，为魁星欢会，为学子助力，为金榜题名者喝彩，更祝愿——有情人终成眷属，有心人终成魁首。

七月宜茶

中国古代，正月十五称上元节，就是吃元宵的元宵节；七月十五称中元节，祭祀先人，放河灯；十月十五称下元节，有持斋诵经的传统。

道教中，有三官大帝，许多道观会设"三官堂"，"三官"即是天官、地官、水官，又称上元、中元、下元，合称"三元"。道经称：天官赐福，地官赦罪，水官解厄。"三官"圣诞日就是三元节。

地官由元洞混灵之气和极黄之精结成，掌管五帝五岳各地的神仙。每逢七月十五日，就降临人间，为人赦罪。

由于地官的节日，赦罪祭祖，很容易与中国儒家慎终追远的孝道思想结合起来，民间不仅祭祀各人自己的祖先，也祭祀那些没有后代亲属关照的孤魂。

看到一则资料：

　　鸡冠花，汴中谓之"洗手花"。中元节前，儿童唱卖以供祖先。今来山中，此花满庭，有高及丈余者。每遥念坟墓，涕泣潸然，乃知杜少陵"感时花溅泪"，非虚语也。

　　随着民间思想的介入，很多不同的民俗出现了，汴梁一带，流行用鸡冠花祭祀祖先的习俗。中元节前，儿童就唱卖鸡冠花，成了汴梁的一道风景。

　　佛教，有"结夏"的说法。每年夏天有三个月的雨季，用于安居，不踩踏虫蚁，做一年之中定期的安居修行，从四月十五日到七月十五日为止。三个月的精进修行时光，有不少人悟道，证得圣果；更多的僧人收获了身心的清净、安宁。于是，七月十五日这天，称为"僧自恣日"，也称"佛欢喜日"。

　　佛的十大弟子之中，有一位神通第一的目犍连尊者，证得阿罗汉果以后，想到自己的亲恩未报。神通第一的目犍连尊者以天眼通看到母亲在饿鬼道中受苦。目犍连请求佛陀的帮助。佛陀因此说出了一部《盂兰盆经》。梵语的盂兰盆，即解救倒悬之苦的意思。

　　佛言："……行慈孝者，皆应先为所生现在父母、过去七世父母，于七月十五日，佛欢喜日，僧自恣日，以百味饭食，安盂兰盆中，施十方自恣僧，愿使现在父母，寿命百年无病、无一切苦恼之患，乃至七世父母离恶鬼苦，生人天中，福乐无极。"

　　所以，七月十五日寺院的法会，又叫作"盂兰盆法会"。

　　于是，七月十五，就有儒家慎终追远、道家地官赦罪、佛家自恣与解救母亲等意义，蕴含清吉感恩的思想。

　　不论僧道，不论士庶，都会用到香，点香恭敬，还会用到茶，供奉茶饭。

　　香烛的轻烟，茶汤的烟气，弥漫在这初秋的七月。

　　七月吉祥，七月宜茶。

用一盏纳山茶来预约中秋明月

    纳山云舍的茶山都在古建州的土地上，或坑涧之中，或保护区之内，武夷正脉，天生天养。

    大宋王朝，丁谓、蔡襄两位制茶大师在古建州的土地上制出一种团茶，其中的一种称为"龙凤团茶"。

    团茶又被称作"月团"，团茶代表着团圆。

    中秋月圆之夜，赏月饮团茶，一边是团圆，一边是风雅，可谓人间美事。

    就有许多月与茶的诗词：

    云里游龙舞凤，香雾起、飞月轮边。华堂静，松风竹雪，金鼎沸溪㳻。

——陈师道《满庭芳·咏茶》

环非环，玦非玦，中有迷离玉兔儿。一似佳人裙上月，月圆还缺缺还圆，此月一缺圆何年。君不见斗茶公子不忍斗小团，上有双衔绶带双飞鸾。

——苏轼《月兔茶》

茶事有变化，茶类有多种，虽然团茶的时代已经走远，然而，茶文化却一脉相承。

明月依旧，是遥寄相思的载体。

月饼香甜，是团圆和睦的载体。

香茗清飏，是天人合一的载体。

从皇家大院到士庶家庭，中秋时节，一家人，酌香茗，吃月饼，赏明月。且不说消腻去油，呵护身材；且不说传统节日，融融韵味。

明月千里——团圆的气氛，思古的幽情，怀人的心念，尽在茶与月中。

所谓"飞月轮边……金鼎沸湲潺",不正是月下烹茶的绝妙场景?

夏渐远,秋已立,八月十五,佳节如梦。

仲秋光影,满目的花好月圆人长久。

以一盏纳山茶,来预约中秋节,便有了美好的念想。

想望中秋节的团圆、怀人、思乡以及幽雅……

纳山云舍茶,源于古建州的团茶故乡,天生天养,武夷正脉。归家团圆,朋友相聚,寄意远方,以一盏纳山好茶,徜徉一段惬意的时光,邀约亲朋,预约明月,愿年年岁岁如如意意团团圆圆。

纳山，回归古人温婉的惠茶之道

赠人以茶，有极温婉的感觉。茶是厚重之礼，款款情深者，才惠茶。

记得苏东坡反对司马光的旧派，认为他们完全的否认王安石的新政是不对的，因此，苏东坡被司马光所不容。于是，苏东坡向宋哲宗申请外调，到杭州去。苏东坡任杭州知州，一待就是三年。宋哲宗一直挂念着这位大学士。

一天，宫廷内使要出京师到杭州去，内使去拜别哲宗。哲宗说，你先去拜别娘娘再到我这儿来。内使拜别娘娘后来见哲宗。哲宗将内使带到一个柜子旁，悄声地对他说：赐给苏轼，不要让别人知道。打开柜子后，拿出赐品，是一斤茶，封口还有宋哲宗御笔所书的封条。

君臣之间，虽然施政理念不同，内心的牵挂却因为一斤茶而显得温婉动人。

不知道宋哲宗赐给东坡的是什么茶，但古建州，产好茶，建州茶一直是上好的茶礼。

徐照、徐玑、翁卷、赵师秀，都是南宋温州诗人，他们四人字号中都带一个"灵"字，彼此旨趣相投，创作主张一致，诗风相近，世人称为"永嘉四灵"。其中徐照一生就三种爱好：嗜苦茗、游山水、喜吟咏。因此，"永嘉四灵"的另一位叫徐玑的就给他送茶，送的正是建茶。徐照写《谢徐玑惠茶》一诗以表答谢之情。

建山惟上贡，采撷极艰辛。

不拟分奇品，遥将寄野人。

角开秋月满，香入井泉新。

静室无来客，碑黏陆羽真。

以建州山上的贡茶奇品，赠予好友，好友写诗相谢，成全一段风流雅事。诗中的"秋月满"之句，正是中秋满月之时的茶礼啊！

黄庭坚，字鲁直，自号山谷道人。宋朝治平年间进士。善诗文，开创"江西词派"。擅书法，自成一家。与秦观等四人，均出自苏轼门下，人称"苏门四学士"。黄庭坚也是爱茶之人，特别喜欢建州茶，所谓"平生心赏建溪春"。几乎每年，黄庭坚都要喝建溪一处叫壑源茶山产的茶。建州之茶，也就出现在黄庭坚的笔端了。

谢王炳之惠茶

黄庭坚

平生心赏建溪春，一邱风味极可人。

香包解尽宝带胯，黑面碾出明窗尘。

家园鹰爪改呕泠，官焙龙文常食陈。

于公岁取壑源足，勿遣沙溪来乱真。

　　纳山云舍之茶，产于古建州的山脉，生于武夷山正脉，源于武夷山正岩，天生天养，古韵流芳。何况古建州之茶，自古就是上好的茶礼。于是，赠一款纳山云舍茶，就有了温婉的情义，就有了别样的意趣。茶友品尝纳山茶，亦足以涤尘俗，祝团圆，还可以体味出一番温婉的柔情。

中秋茶礼，且伴纳山共团圆

凤舞团团饼。恨分破，教孤令。金渠体净，只轮慢碾，玉尘光莹。汤响松风，早减了、二分酒病。

味浓香永。醉乡路，成佳境。恰如灯下，故人万里，归来对影。口不能言，心下快活自省。

——黄庭坚《品令·茶词》

宋王朝风雅，是从词家们的韵律中开始的。士人吟咏，歌女浅唱，就连黄庭坚也借着茶汤谱出一阕《茶词》。

"但愿人长久，千里共婵娟"，中秋之夜，人盼团圆。每年的八月十五，月亮最圆、最亮，月色最美、最皓。《周礼》一书，已出现"中秋"一词；至唐朝初年，中秋成为固定节日；到了宋朝，中秋节成为盛大的传统节日。

中秋节以明月之圆来寄托家人团圆的美好之情，又演变出思念故乡、思念亲人之意。

中秋节自古便有祭月、赏月、拜月、吃月饼、赏桂花、饮桂花酒等习俗，还有，饮茶的习俗。

如今的建阳、武夷山一带，是古建州之地。建州的龙凤团茶是大宋王朝的茶中极品。

黄庭坚《品令·茶词》中的"凤舞团团饼"，指的正是龙凤团茶。

建州的北苑龙凤团茶是贡茶，"其饼绝精，价值金二两"。

团茶也被称作"月团"，中秋之夜，团茶代表着团圆，赏月与饮团茶，二美并具，天作之合。

古建州之地，龙凤团茶的故乡——武夷山和建阳的高山区、大竹岚的自然保护区，是纳山云舍的茶叶基地。纳山云舍茶源于武夷正脉，是天生天养之佳茗，守候着传统，传承着文化。虽然团茶的制作工艺在明代已经转换成散茶的制作方式，然而，中秋品茗，吃饼，团圆聚话的习俗不变。

泡一壶来自古建州的纳山云舍茶，仿佛回归传统的团茶。举杯相敬，愿天下长久，祝万家团圆。

海上生明月，天涯共此时。时光流转，城市华灯焕彩，烟尘与光影遮蔽了夜空，中秋缺少了诗意，缺少了因为遥远的思念而惆怅的温情。

泡一壶来自古建州的纳山云舍茶，仿佛回归纯净的山间。举杯相敬，愿天下美好，祝万家祥和。

团圆之时，月饼、美酒、美食，饕餮盛宴，然而，不免吃得太腻，于是，泡一壶纳山茶，清爽消食，涤清我们的肠胃，也涤清我们的灵魂。

　　中秋，纳山打造的茶礼，就注入了丰富的意蕴：有回归传统的团圆吉祥之意，有回归山水的纯净诗情之意，还可以涤清肠胃和灵魂。

重九问道，纳山品茶

重阳即至，正是霜降之后，天气渐至寒凉。饮热茶，甚妙！

"九"为大道之数；

纳山为佳茗之蕴。

九为阳数，是阳数的极数，帝王之位称"九五"，帝王称"九五之尊"，青铜器有"九鼎"，臣僚设"九卿"，命官以"九品中正"分级，京师置九门……还有，伏羲氏观天观地，创九九八十一卦，还立九部、设九佐、制九针。

故九月初九，称重九，亦称重阳。

重阳佳节，正是秋高稻熟时节，还是我国的老人节。

问道品茶，取天地之数，敬人间老者。

秋燥，重阳饮茶，宜润、宜温。以一杯好水，一壶好茶，消脂解腻，以茶的维生素和矿物质、微量元素，促肠胃蠕动，排体内毒素。在秋天干燥的时光里，一壶好茶，可以消除老人身体引发的不适，可以有助于中老年人恢复和调节人体各脏器机能，最终，将身体调整到最佳的状态，迎接寒冬。

重阳佳节，正是秋高气爽的时节，还是传统的登高望远的日子。

登高望远，遥寄乡情，遍插茱萸，约上好友，沏上一壶好茶，几人围坐秋阳之下，尽享自然山水的曼妙。

因为九是阳数的高位，因为茶是敬老的佳品，因为重阳是登高开阔胸襟的日子。

茶与胸襟开阔、九五之尊的帝王也有了奇缘了。

乾隆帝，中国封建帝王中最长寿者。他说"君不可一日无茶"。毛主席好茶，他的长寿与好茶有很大关系。他喜欢喝家乡的茶，还习惯喝完茶汁之后将杯底的茶叶子也吃掉。邓小平同志的养生之道之一也是爱喝茶。他的妹妹邓先群回忆说，大哥喜欢喝茶，杯子里的茶叶放得很多，待全泡开，要占杯子的三分之二。

重九问道，相期以茶。在这个温情的节日里，煮一壶纳山云舍茶，品尝这浓醇、温顺、自然的山野味道。

久久重阳，饮宴祈寿，为何独爱云谷留香

在九月，中国最重要的传统节日是重阳。《易经》中把"六"定为阴数，把"九"定为阳数。九月九日，两九相重，故名"重阳"，也叫"重九"。民俗观念中，九九与"久久"同音，九在数字中又是最大数，所以赋予有天长地久、生命长久、健康长寿的寓意。九九为阳极数，九九归真，一元肇始，万象更新。重阳是一个值得庆贺的日子，是饮宴祈寿的日子。

朱子生日是九月十五日。12岁生日那天，建州的建安溪边，环溪精舍升飏起茶烟，乃父朱松烹月团茶给朱子过生日。建州的土地，自古产好茶，离环溪精舍不远的凤凰山满山茶树，茶叶制成饼茶，宋朝的两位制茶大师丁谓和蔡襄将建州的饼茶做到了极致。有诗人形容说，"君不见莆阳学士蓬莱仙，制成月

团飞上天"。莆阳学士说的就是蔡襄。

　　龙团茶、凤团茶、月团茶……建州的茶名目繁多。朱松碾茶烹煮，不亦乐乎。煮好茶后，祝五娘牵着蹒跚学步的朱子来了，一家人坐饮。朱松兴致高昂，连写几首诗庆贺儿子的生日，其中一首是：《以月团为十二郎生日之寿戏为数小诗其三》

　　　　骎骎惊子笔生风，开卷犹须一尺穷。
　　　　年长那知虫鼠等，眼明已见角犀丰。

　　朱子中年曾隐居云谷山著书立说，种茶于云谷山的茶坂，写下《云谷记》和《云谷二十六咏》，自号"云谷老人"，活过古来稀的年龄，与他的朋友——当时的大儒张栻、吕祖谦、陈亮、陆九渊等人相比，朱子是为高寿。

　　纳山云舍茶文化品牌创始人朱旭先生，成长于古建州的土地，此其一；其二，朱子二十六代孙；其三，所学专业为医学，有天然的养生自觉。

　　因此，纳山云舍茶，有款名曰——云谷留香。

　　因此，九月品饮纳山云舍茶，尤其是品饮云谷留香就有了特殊的意义。

　　九月的纳山云舍茶，养生，取久久之意；九月的纳山云舍茶，敬老，取祈寿之意；九月的纳山云舍茶，尊贤，取尊崇朱子之意……

　　纳山云舍茶，武夷正脉，天生天养。纳山人制出的是武夷山最干净的茶，纳山人执着于做武夷山最有"中庸之德"的茶。

　　又见九月，我们等你于纳山！

　　九月，知纳山云舍茶者福；品纳山云舍茶者寿——特别，宜于云谷留香！

冬日苦寒，来杯纳山茶

冬至阳生。

冬至，昼最短，夜最长，"一阳初生"。

记得南怀瑾老先生有"活子时"的说法。冬至时，用完的阳气，可以重生起来；于是，生命可以回复，返老还童，长生不老。"活子时"是指一种自然的、生命的春意，过了这个节，天地间阳气就一点点生发了，春天万物也开始生长。

于是，冬至，人们普遍进补，为的是更好地生发阳气。进补之后，有的人会配上一杯茶。冬至苦寒，温度低，寒霜降，雨雪飞，这个时候，可以喝一些红茶或岩茶。

南宋的杜耒有《寒夜》诗，其诗云：

寒夜客来茶当酒，竹炉汤沸火初红。
寻常一样窗前月，才有梅花便不同。

　　冬天寒冷的夜晚，来了客人，不温酒，而喝茶。小童煮茗，火炉中的火苗开始红了起来，水在壶里沸腾着，屋子里暖烘烘的。月光照射下来，在窗前明亮着，与平时并没有什么两样，只是窗前有几枝梅花在月光下幽幽地开着，芳香袭人。如此的寒夜，因为这花、这月，就显得与往日格外地不同了。

　　这首诗入选《千家诗》，特别是"寒夜客来茶当酒"一句，为人耳熟能详。

　　看来，冬夜，古人就素来有喝热茶的习惯。

　　纳山云舍的红茶、岩茶系列，尤其适合作为寒冬的饮品。

　　红茶、岩茶性温，有暖身之效。况且，纳山之茶源于武夷正脉，是天生天养之茶；制茶者医者仁心，制的是健康茶饮。

　　可以到纳山云舍的茶生活馆来；可以到纳山云舍的山场来，天地静好，一杯佳茗待君；可以到纳山云舍的商场来，有好的茶品供选。冬至起，阳气生，品养生纳山茶，不负时光，不负你我。

大雪，以纳山茶

——暖身暖心

　　福建建阳与武夷山交界处，群峰起伏，逶迤连绵，其中一座青身独秀，特立而出，名为芦峰。

　　芦峰的山凹处，南宋淳熙二年（1175），建起了一座草庐，草庐的门匾，写着"晦庵"二字。草庐所在的谷地，风起则云腾，云腾又雾绕。草庐的主人，为山为水为草庐写了一篇他生平最长的山水记文《云谷记》。

　　草庐的主人非僧非道，是一位读书人，名唤朱熹，世人尊称其"朱子"，山下的百姓多更愿意尊称他为"朱文公"；草庐则称"晦庵草堂"，又因《云谷记》而称"云谷草堂"；芦峰此后就有了新的名字"云谷山"；朱子此后就有了新的号"云谷老人"。

　　云谷山的山中，景观遍布，自然的，人造的，把云谷山点缀成一个五彩斑斓的世界：南涧、瀑布、云关、莲沼、云庄、泉碣、石池、药圃、井泉、竹坞、桃蹊、漆园……隔断红尘三十里，白云红叶两悠悠。高远而隔开人间烟火的山中却一点都不寂寞，不但不寂寞，还显得有趣。登山、值风、玩月、倦游、谢客、劳农、讲道、修书……还有，喝茶。

　　云谷山的北岭，春来，茶芽蔓发，延绵成一抹青翠的出岫之云。朱子背着籯来到北岭，再西向走一段，就来到绿意葱茏的茶园。云谷的茶制出来了，寒夜来时，煮茶，竹炉汤沸，热腾腾地喝下去，全身暖和起来。像修炼的道士和僧人一样，朱子结跏趺坐，接近天空的云谷山中，适合体悟天地大道，而那一壶热茶，温暖了朱子的全身，他竟然可以战胜睡魔，静静入定。那么，被子、枕头，就用不到了！

　　有诗为证：

茶　　坂

携籯北岭西，采撷供茗饮。
一啜夜窗寒，跏趺谢衾枕。

　　云谷老人的后人——朱旭先生，也制茶，品牌为纳山云舍。纳山云舍山场为武夷正脉，古茶丛天生天养，其独创的红乌龙，一样可以"一啜夜窗寒"。

　　大雪时节，天气寒冷，来一杯纳山云舍茶，暖身、暖心。

纳山，雪水煎茶

今年苦寒，总思热茶。在严霜的时光，念想酌一盏纳山云舍的
"武夷正脉，天生天养"的热气腾腾的暖身暖心茶。

纳山海拔高，城中有霜无雪，纳山却山高雪深。更思雪水煎茶，
煎一壶温暖三冬的滚热纳山茶。

雪水煎茶是一件很雅的事，想起一则典故：

陶穀妾本党进家姬，一日雪下，谷命取雪水煎茶，问曰："党家
有此景否？"曰："彼粗人，安识此景，但能于销金帐下，浅斟低唱，
饮羊羔美酒耳。"

——《锦绣万花谷》

　　党进（北宋名将）有一家姬，后为翰林学士陶穀所得。陶穀在雪天以雪水烹茶，并问家姬道："党家会欣赏这个吗？"家姬道："党太尉是个粗人，怎知这般乐趣？他就只会在销金帐中浅斟低唱，饮羊羔酒。"

　　相对于武将党进，陶穀是才高八斗的翰林学士；

　　相对于饮羊羔酒，雪水煎茶便是清雅高绝的事。

　　《红楼梦》中的妙玉，极为清高的女子，就曾用五年前在玄墓蟠香寺收集梅花上的雪水煮茶。

　　后来，雪水煎茶的诗中，就常常出现"党氏""羔酒"字眼，用羊羔酒对比雪水茶，更衬出雪水煎茶的"风韵美"。元末明初的叶颙就有题为《雪水煎茶》的两首诗：

其　　一

枯枝旋拾带冰烧，雪水茶香滚夜涛。

党氏岂知风韵美，向人犹说饮羊羔。

其 二

雪水烹佳茗，寒江滚暮涛。
春风和冻煮，霜叶带冰烧。
陶毂声名旧，卢仝气味高。
党家宁办此，羞酒醉清宵。

《梦雪水煮沸了，如波涛翻滚，注了茶中，成就一杯茶烟缥缈的清茶，该是如何的惬意。

《梦粱录》中写道："天降瑞雪……诗人才子，遇此景则以腊雪煎茶，吟诗咏曲，更唱迭和。"
雪来了，诗人才子，归来，到纳山的雪野，采些雪来。
好山，好雪，开一泡纳山云舍茶，开启一段调素琴、阅金经、吟诗词、烹佳茗的雅致时光。

采茶歌中的纳山茶

纳山云舍的山场，有许多分布在武夷山国家级自然保护区中，沿黄坑、坳头一带分布。黄坑、坳头一带仍然流传着古老的采茶歌。

采茶歌可以追溯到明朝的江西，特别是赣南、赣东。每逢谷雨季节，江西的采茶女上山，一边采茶一边唱山歌，他们用歌声来战胜身体的疲劳，来鼓舞劳动的热情。茶山上婉转的歌声被人称为"采茶歌"，她们用歌伴舞并加上情节就成了"采茶戏"。

采茶歌有一个古老的传说。话说唐明皇时期，宫中有位田姓乐师，因为和宫中的舞女相恋，担心暴露后身遭不测，于是，只好逃离宫廷，混迹在客家人南迁的队伍之中。曲折前行，历经周折，千山万水，终于，田乐师来到了赣南安远县的九龙嶂。

九龙嶂山水秀丽，漫山茶叶，民风淳厚，田乐师被深深地吸引着。

山穷水尽处，山高皇帝远，田乐师不再担心被发现。于是，他留下来了，改名换姓为雷光华。

雷光华是宫廷乐师，技艺精湛，当地的茶人、茶女纷纷前来学艺；雷光华也迅速融入当地的茶人队伍。雷光华教茶人吹拉弹唱，茶人教雷光华种茶、制茶技艺。久而久之，雷光华成了远近闻名的传艺师傅。此后，历代吟唱采茶歌、演出采茶戏的艺人尊雷光华为采茶戏的祖师爷。民间职业采茶戏班社，立有雷光华的牌位，演出之前要烧香敬奉。

明清时期，纳山云舍山场所在的黄坑、坳头一带，茶山连片，茶人密集。江西的茶人、茶女也纷纷越过桐木关到黄坑、坳头来采茶、制茶。江西的茶人带来了"采茶歌"，也带来了"采茶戏"。至今还在传唱。

武夷正脉的纳山云舍茶，天生天养，是朱子后人朱旭先生以儒者的仁德所制。朱旭先生是医者，因此纳山云舍茶又有医者仁心之养生功效。

纳山云舍茶是来自自然保护区最纯净的茶，而采茶戏的婉转之声中，我们品到了纳山茶的别样滋味，那是传承百年的悠悠古韵。

茗茶榄莽　文化苦旅

纳｜山｜云｜舍

答卓民表送茶

攬雲飛雪一番新誰念幽人尚食陳鬢髮三生玉川子

破除千餅建谿春喚回窈窈清都夢洗盡蓬蓬渴肺塵

便欲乘風度芹水却悲狡獪得君嗔

和人遊仙峰庵三首

千岩萬壑翠縈洄一洗衰翁病眼開落日多情留別嶺

欽定四庫全書　韋齋集

秋空無地著浮埃雲開出岫初無意松老參天豈願材

我是散仙君記取更鞭鸞鳳少徘徊

誰麾俗駕挽今回珍重山翁小徑開去覓雲峰攀碧落

下肴沙劫壞飛埃搰寒露井消塵想擷翠筠驚言藥材

彷彿三生曾到此樓鐘重聽一徘徊

朱松的茶缘

答卓民表送茶

朱松

搅云飞雪一番新，谁念幽人尚食陈？

仿佛三生玉川子，破除千饼建溪春。

唤回窈窈清都梦，洗尽蓬蓬渴肺尘。

便欲乘风度芹水，却悲狡狯得君嗔。

宣和年间，朱子的老爹朱松有一段在建阳悠游的时光。

朱松的一位妹妹嫁到了建阳的丘家，妹夫名唤丘萧，朱松用"怀璧自珍"的话来形容他的妹夫。丘萧有才华，也清高自恋——大抵上有才华的人都有点个性。丘家不是大富人家，住在建阳将口镇东田村的砚山脚下、芹溪之畔，几亩薄田，几竿疏竹，几处蔬圃，倒也活得坦坦荡荡，其乐融融。

芹溪潺潺湲湲，南风轻轻缓缓。朱松享受着自由、悠远、淡然的时光。

朋友送茶来，砚山之下，茶烟升起，袅袅着一段烹茶叙旧的温情。送茶人——卓特立，字民表，建阳人，与朱松一样，政和八年同上舍出身，他们是同榜进士。

卓特立带来的是春茶，大宋王朝最优秀产茶区的建溪春茶，而且是陈年的春茶饼——陈茶。朱松真没想到，自己酷嗜陈茶的喜好卓特立依然记得！

宋朝的春天，是从闽北的荡漾春水开始的。春水柔软如带，芹溪顺流而下，汇入建溪。"年年春自东南来，建溪先暖冰微开"。建阳、建瓯、武夷山的闽北茶最早出现在京师的皇宫里和汴梁的市场上。惊蛰前后，茶人上山，由鼓声开始，由喊山开始，万木仍在春寒中酣睡，建州的茶树最先被喊醒了。尤物，钟灵。

建州的茶饼，贵重，贵重到黄金可以拥有而茶饼不能得到的程度，贵重到皇帝赏赐时，国家最高政务机构"中书门下省"和国家最高军务机构"枢密院"仅仅只能被赏赐一饼！

卓特立让朱松狠狠享受了一把高规格的待遇。

砚山麓、芹溪畔，朱松与卓特立铺开茶器——建盏、茶瓶、茶筅、执壶……建州的陈茶饼取下适量放入碾中碾成茶末，将茶末放入建盏中，注少量开水调成膏油状，香气渐渐溢出。

宋朝的士大夫几乎都掌握了细腻而雅致的分茶技术。

在建州当了几年官的朱松与建阳本地人卓特立自然是分茶高手。

茶瓶的水开了，卓特立左手执壶往茶盏有节奏地点水，落水点精准，落水线飘逸，茶汤面稳定而平和。卓特立的右手执茶筅轻盈而流畅地旋转击打茶汤，白色汤花扬起，如云如雪。

朱松见了，佩服于卓特立分茶的熟练，诗句脱口而出——搅云飞雪一番新，谁念幽人尚食陈。黑盏白茶，茶分好了，最美妙的茶汤端

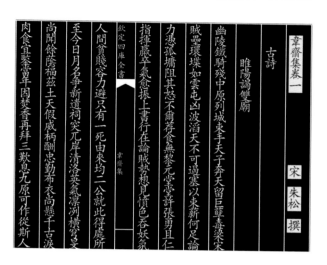

到朱松的面前，朱松尝了一口。又是诗——唤回窈窈清都梦，洗尽蓬蓬渴肺尘。朱松还扬言"便欲乘风度芹水"——他要飞起来，飘过芹溪飘向远方。

因为同榜进士而相识，因为建溪茶而结缘。

朱松与卓特立（字民表）成了知交。

那段时间，朱松也常常待在建阳的白云寺。看书写诗，悠闲的时候，敲着棋子，听落子的声音打破寺院的静寂。

六月的南风吹来，清凉如水。朱松又想起卓特立，写诗让人请卓特立到寺中来。

招卓民表来白云寺

剥啄浑无去客嗔，丁宁招唤只怀人。

南风殿角凉如水，来洗眼前朱墨尘。

朱松的《韦斋集》中很少有"念念不忘"的深情，如果有，那就是他与卓特立的感情。

以茶代礼，以诗代信，那段深情绵邈的茶香和笔墨倾诉随着时光静静地流淌了八百年。

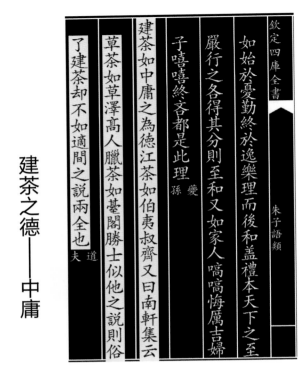

建茶之德——中庸

了建茶却不如適間之説兩全也　夫道

草茶如草澤高人臘茶如臺閣勝士似他之説則俗

建茶如中庸之為德江茶如伯夷叔齊又曰南軒集云

子嘻嘻終斉都是此理　孫愛

嚴行之各得其分則至和又如家人嗃嗃悔屬吉婦

如始於憂勤終於逸樂理而後和盖禮本天下之至

欽定四庫全書　　朱子語類

"君子比德于玉"，这是孔老夫子说的一句关于玉的名言。

子贡曾经问孔子一个问题：为什么君子以玉为尊、以珉为贱呢？是玉少珉多吗？

当下，很少人谈"珉"了，"珉"是像玉的石头。

子贡问孔老夫子的意思是——玉之所以贵，珉之所以贱，道理在于"物以稀为贵"！但孔子不这么认为。他认为玉并不因为数量少而尊贵，玉的尊贵在于精神层面，因为玉有"仁、智、义、礼、乐"等儒家层面的美德，与彬彬君子相似。

很遗憾，孔子没喝过茶，没喝过建茶，对茶德的阐述需要南方的"孔子"——朱子来完成。

有一次，朱子与他的学生杨道夫有一场谈话。朱子说，建茶就好

像"中庸之为德"，江茶就像是伯夷、叔齐。朱子还说，张南轩（张
栻）说'草茶如草泽高人，腊茶（即建茶）如台阁胜士'，如果像南轩
这样说，就把建茶给说俗了。

宋代，江南各路所产的茶叫江茶，但福建路建州（今建阳、建瓯、
武夷山）所产的茶是另类，称建茶。据欧阳修《归田录》的记载："腊
茶出于剑建，草茶盛于两浙。"原来，建茶就是腊茶，江茶就是草茶。
朱子不赞成南轩将建茶比为台阁胜士。朱子认为建茶之德是"中庸"，
是君子，是仁者。

儒家的中庸是至高的道德。朱子在《中庸章句》中引程颐的解释
说"不偏之谓中，不易之谓庸，中者，天下之正道，庸者，天下之定
理"。到了朱子的时代，也可以说"君子比德于茶"了。

朱子曾用茶打比方，他说：如果一盏茶，一味的是茶，就是真，如
果掺了些别的滋味，就杂了。好茶要纯味，就像茶有真香，掺不得假。

释说"茶禅一味"，儒则说"茶儒一味"！儒追求茶的纯粹与道德。

其实，北苑最初的饼茶，不是真香，有用香料的。香料主要用
龙脑，在压制饼茶前以龙脑窨茶，或者以龙脑直接洒在茶上。龙脑是
龙脑香树的树脂凝结成的一种近于白色的结晶体，古代上品的龙脑片
"状如云母，色如冰雪"，熏燃时香气浓郁，而且烟气小。这种茶味不
纯正的茶，朱子不喜欢。朱子喜欢的是，有中庸之德的建茶。

为何朱子说：茶道就是儒道

　　茶是可以寄托情感的。朋友间的存问，寄些茶，就有了温暖的关怀。

　　事实上，朱子的酒量很好，可以将酒当茶喝，非常了不得。

> 白酒频斟当啜茶，何妨一醉野人家。
> 据鞍又向冈头望，落日天风雁字斜。

　　能把酒喝成茶的人，不多。善饮的朱子不放纵，戒过酒。他曾对南轩说：我要戒酒——"戒而绝之"。特别是晚年，他真戒了——他说"熹近戒酒"。

　　酒可以戒，茶不可以戒。

欢情往日空回首，酒味今年不下喉。

只待两公高宴罢，却携茶鼎上渔舟。

　　酒是戒了，那就带上茶鼎到渔舟煮茶去！

　　南宋的武夷山，茶山连绵。在资讯不发达的宋代，来往的生意人、返乡的军卒都会成为临时的邮差。有一次，朱子让湖州来武夷买茶的人带了信带了茶给浙江的好朋友吕祖谦，后来写信问："前段时间湖州买茶人回去了，我曾带信过去，不知收到了吗？"吕祖谦是朱子的朋友，也是朱子儿子朱塾的老师，朱子与吕祖谦的书信往来相当频繁。新茶刚制成的时候，朱子念念不忘吕祖谦，给他带去"新茶三十銙"。銙是压制饼茶的模具，这里是度量单位，一銙则指用銙铸压成的一块饼茶。三十銙的数量是相当多的——朱子给自己儿子的老师送厚礼。

　　宋代北苑一种名贵的白茶，制造出来，只有两三銙。

　　新茶除了喝，还是一种感情的表达，朱子会给吕祖谦寄茶，学

生也会给朱子寄茶。朱子的学生方伯谟就给朱子寄过茶，朱子说："惠及新茶，极感厚意。"

武夷最好的茶，产区在"三坑两涧"。流香涧是其一，慧苑坑是其一。而慧苑禅寺就是在慧苑坑的谷地、流香涧旁——是茶的福地。

不知谁在慧苑禅寺的门前，在这碧水丹山黑瓦砖墙上题了"去吃茶"三字。而朱子，则在慧苑坑留下"静我神"的牌匾。

酒可乱性，茶可清心。

茶的存问，传达的是儒家的一种道德观"求放心"，只有收心，才能安静，才能静我神。"定而后能静，静而后能安，安而后能虑，虑而后能得，物有本末，事有终始，知所先后，则近道矣"。

喝茶，可以清心，可以静神，并可以上升到"道"的高度。

茶道，就是儒之大道。

武夷的正脉之山，云中有天籁传来，是谁在吟咏？

武夷高处是蓬莱，采得灵根手自栽。
地僻芳菲镇长在，谷寒蜂蝶未全来。
红裳似欲留人醉，锦障何妨为客开。
饮罢醒心何处所，远山重叠翠成堆。

吟咏之后，喝茶之后，就"醒心"了，就接近"道"了。

茶亭·施茶·结缘

茶亭的由来，还有一个美丽的传说。

唐朝之后的五代十国时期，江西婺源有位姓方的老婆婆，看见古道上的行人行路艰辛、饥渴难耐，就到路亭为行人免费施茶，长年不断。方婆过世后，怀念她的人为她立冢，取名"方婆冢"。路过方婆冢时，人们会在她的冢上再添一块石头。日积月累，冢堆了几丈高。明代许仕叔《题浙岭堆婆石》有诗："乃知一饮一滴水，恩至久远不可磨。"施茶的典故，就有"方婆遗风"的说法。

静得尘埃外，茶芳小华山。

此亭真寂寞，世路少人闲。

这是最早的茶亭诗，诗题就是《茶亭》，作者是唐代的朱景玄。

　　唐代，茶亭已大规模出现。茶亭的出现与寺庙有关。

　　寺院的僧人为方便路人，建亭施茶。

　　相传，浙江宁波小白岭间的古道上，一直有蟒蛇作祟，很多行人被伤害。唐代的心镜禅师投食喂蟒蛇。此后，蟒蛇离开小白岭。于是，心镜禅师在岭上建一座塔以镇蟒蛇之妖，塔下建造一座庵堂，堂前又建造茶亭。

　　四川成都大随法真禅师，在福清的黄檗山长庆大安禅师门下得法，后来回到四川，寄居天彭堋口山的龙怀寺，在路旁施茶三年。

　　乐善好施，也是儒家提倡的美德。施茶之举延及士人，官员们也开始建茶亭施茶。比如，唐代广州刺史李毗，在广东省南海县东北的朝台建"余慕亭"。来往舟楫避风雨的，都可以停泊于此喝茶暂歇。

　　宋代，经济繁荣，特别是南方经济一片大好，商业交流日

益频繁。行人、商人，来来往往。筑亭煮茗的善举越来越多，民间热心公益的庶民也建茶亭，于是，茶亭星罗棋布。闽浙地区佛教兴盛，寺庙前的路边也都配建茶亭。

明清时期，茶亭的修建进入繁盛期。商品经济的发达，促使长距离贸易运输越来越频繁，交通驿道也延伸至全国各个角落。有"五里凉亭，十里茶亭"的说法。

千年的茶亭，一来，体现的是对社会的责任与担当；二来，也是结缘。

沧海桑田，世事变迁。随着交通的便利、饮用水的携带方便等原因，朴素的施茶已难得一见。然而，品茶结缘、以茶会友的茶人初心不变。

且如今，纳山云舍山场茶丛古老，山色旖旎；纳山云舍茶生活馆，静谧幽然，茶香袅袅，也愿以山色云色、佳茗好茶，与君结三生三世的佳缘！

斗茶的精神
——儒者之道

宋代盛行"斗茶"。

宋代建州的斗茶风靡一时。

纳山云舍的茶场就在古建州的土地上，就在斗茶之乡。

元代的赵孟頫画过一幅《斗茶图》。

赵孟頫（1254—1322），字子昂，号松雪道人、水精宫道人，吴兴人。元代官至翰林学士承旨，封魏国公。赵孟頫的画一改南宋的"院体"，自成风格，对当时和后世的画风影响很大。

《斗茶图》的画面上有四人，左右各两位。其中，左右方各有一位长髯者，即是主角；而长髯者身后是年轻的助手，亦左右各一，属配角。

左边两人，年轻的执壶注茶，身子前倾，两小手臂向内，两肘部向外挑起，姿态健壮优美有活力。长髯者左手持杯，右手拎炭炉，昂首挺胸，面带自信的微笑，好像对自己的茶非常有信心。

右边两人，长髯者持杯，拿着饮尽的杯底嗅香，年轻人则将头稍昂起，似乎并没被对方的气势压倒。

事实上，元代斗茶之风已渐渐消隐，赵孟頫的《斗茶图》是画家对宋代斗茶的追想与怀念。

图虽名曰"斗茶"，但画中的人物表现的却是一种积极乐观、谦虚礼让的精神。这和谐的竞技比赛场景，更体现了中国茶德的核心，是"和"！这正是纳山云舍茶始终恪守的儒者之道。

要知道斗茶，就要先知道宋代喝茶方法。

宋代是茶饼碾出茶末然后点茶的。

茶的好坏先看汤色。最好的茶，汤色纯白。汤色纯白，说明茶质鲜嫩，炒的火候也恰到好处，而且，要一白到底，"茶之精者，淡亦白，浓亦白，初泼亦白，久贮亦白"。

其次，看汤花。如果茶末研碾细腻，点汤、击拂恰到好处，汤花匀细，仿佛像"冷粥面"，就可以紧咬杯盏的边沿。好茶的茶汤能够"咬盏"，汤花胶着、久聚不散、水痕不现。关于胜负输赢，蔡襄说："视其面色鲜白、著盏无水痕为绝佳。建安斗试，以水痕先者为负，耐久者为胜。"

要喝宋代的茶，最好的是建盏。

宋朝茶在色泽上追求白色，并要观察咬盏与水痕，所以，茶盏选白的对比色鲜明的黑色的盏最好。

点茶前，茶盏要加热，因此，茶盏散热不宜太快。宋朝的茶要用到厚重的茶筅，执壶点水时，须旋腕击拂，茶盏不能太轻薄，盏口不能太窄。茶筅的快速搅动与汤水的迅速倾入必须要求盏口宽大而且重心低下。

这些特点，建盏全都具备。建盏仿佛专门为了宋朝点茶、斗茶而生。建盏之用，则宋朝茶与盏辉映并丽了。

引用风流天子宋徽宗赵佶和督促制造北苑茶的福建转运使蔡襄

的话来谈论建盏更有雄辩的说服力。

宋徽宗认为："盏色贵青黑，玉毫条达者为上，取其燠发茶采色也。底必差深而微宽。底深则茶宜立而易于取乳，宽则运筅旋彻，不碍击拂。然须度茶之多少，用盏之小大。盏高茶少，则掩蔽茶色；茶多盏小，则受汤不尽。盏惟热，则茶发立耐久。"

蔡襄在《茶录》中指出："茶色白，宜黑盏，建安所造者绀黑，纹如兔毫，其坯微厚，燔之久热难冷，最为要用。出他处者，或薄或色紫，皆不及也。其青白盏，斗试家自不用。"

几百年过去了，斗茶已经风流云散，但斗茶的精神——儒者之道却依然在纳山云舍茶中流淌。

纳山云舍茶，源于武夷正脉，乃天生天养之茶；制茶者医者仁心，乃养生保健之茶。不需斗茶，胜负已分。不分胜负，以"和"为贵！

洗尽古今人不倦

元稹（779—831），唐朝大臣、文学家。字微之，别字威明，河南洛阳人。元稹与白居易同科及第，结为终生诗友，共同倡导新乐府运动，世称"元白"，形成"元和体"。

　　曾经沧海难为水，除却巫山不是云。
　　取次花丛懒回顾，半缘修道半缘君。

此诗便是元稹所作，其中"曾经沧海难为水，除却巫山不是云"为人所熟知。以沧海之水和巫山之云隐喻爱情之深广笃厚，见过大海、巫山，别处的水和云就难以看上眼了；除了诗人所念的女子，再也没有能使诗人动情的女子了。

诗人元稹写过很多诗，其中有一首很有趣的咏茶诗《一言至七言诗》，这类诗称"一七体"，是唐朝一种古体诗种，常称"宝塔诗"，由于这种诗体格律规范较严，过分讲究形式，因此，创作难度极大。

　　元稹与白居易为挚友，常唱和。此诗是元稹等人欢送白居易以太子宾客的名义去洛阳，途经兴化亭时，白居易以"诗"为题写一首，元稹以"茶"为题也写一首诗，就是"一七体"。

　　白居易的《诗》如下：

诗。

绮美，瑰奇。

明月夜，落花时。

能助欢笑，亦伤别离。

调清金石怨，吟苦鬼神悲。

天下只应我爱，世间唯有君知。

自从都尉别苏句，便到司空送白辞。

　　看到临别之际，白居易情绪低落，元稹以《茶》劝慰。

茶。

香叶，嫩芽。

慕诗客，爱僧家。

碾雕白玉，罗织红纱。

铫煎黄蕊色，碗转曲尘花。

夜后邀陪明月，晨前命对朝霞。

洗尽古今人不倦，将知醉后岂堪夸。

　　此诗将"一七体"这种诗体运用如神，对仗工整，妙

趣横生。诗人咏茶，起句点题。诗中二、三句赞茶质优，暗喻白居易德行兼美。四五句写茶受诗客与僧家爱慕，实言好友深受爱慕。"碾雕白玉，罗织红纱。铫煎黄蕊色，碗转曲尘花。"写茶的外形和碾磨，煎茶及茶汤的色泽、形态。接着写诗人与茶的情谊深厚。最后夸茶"洗尽古今人不倦"的功效。元稹以此诗劝慰白居易，表达了两人之间真挚的友谊。

"洗尽古今人不倦"，是说，茶的芬芳洗尽古人今人的疲倦。

纳山云舍的茶，源自武夷正脉，撷天生天养的茶芽，制健康养生之好茶，是儒家气质的茶。

来一盏纳山云舍茶，可以洗尽疲倦，净化心灵。

建之茶，真山水

武夷山，九曲溪，溪中有"茶灶"。

茶灶不是灶，是一块石头，伫立在第五曲的溪水中，遗世独立。地方古老的志书上写道："有灶在溪中流，巨石屹然，可以环坐八九人，四面皆水，当中凹自然为灶，可炊以瀹。"

"在溪中流"的"茶灶"会让人想起《诗经·蒹葭》："所谓伊人，在水一方。溯洄从之，道阻且长。溯游从之，宛在水中央。"

武夷山的朱子武夷精舍

淳熙十年（1183）正月，朱子开始在武夷五曲隐屏峰下建武夷精舍，四月，朱子用四个月的时间，打造出一处书院——武夷精舍。

蒹葭苍苍，伊人难以企及；在溪中流，茶灶可以抵达。朱子是不会放过这一方煮茶的好石的。

五曲清流之上，朱子约上二三子，坐在茶灶石上，瀹茶共饮。沧海一粟，吾生须臾，喝的是茶，悟的是道。当小舟轻荡，将那片石灶留在身后时，茶香袅袅不绝……

> 仙翁遗石灶，宛在水中央。
> 饮罢方舟去，茶烟袅细香。

武夷精舍的朱子和四大弟子

朱子的好朋友——袁枢、杨万里等人也肯定不会错过这天地之间、溪流中央喝水的真趣。一喝，就念念不忘，像袁枢，他这么写：

> 摘茗蜕仙岩，汲水潜虬穴。
> 旋然石上灶，轻泛瓯中雪。
> 清风已生腋，芳味犹在舌。
> 何时棹孤舟，来此分余啜。

很显然，袁枢想再续茶缘，期待某次再荡舟前来分一盏茶——"来此分余啜"，分明有"讨茶吃"的馋相。

建阳云谷山晦庵草堂遗址

在武夷之南的云谷山，朱子筑了晦庵草堂，隐居山上，读书、著书、讲学、传道，但是，朱子没忘记整出一片地，种茶。

那片茶地，叫"茶坂"：

> 携籝北岭西，采撷供茗饮。
> 一啜夜窗寒，跏趺谢衾枕。

五曲溪中的茶灶，云谷山间的茶坂。建之茶，一盏儒者之茶，在乎山间，在乎水中——在乎真山水中。

　　尽管有许多争论，但不可否认，在疫情严重的那段日子，日本的捐助及捐助物资上写的诗句，让国人狠狠讨论了一把。

　　日本捐武汉：山川异域，风月同天。

　　日本捐湖北：岂曰无衣，与子同裳。

　　日本富山捐辽宁：辽河雪融，富山花开；同气连枝，共盼春来。

　　日本舞鹤捐大连：青山一道同云雨，明月何曾是两乡。

　　其中，最早出现在大家视界里的是——山川异域，风月同天。

　　"山川异域，风月同天"，出自一首诗偈，《全唐诗》中有收录，作者是长屋，是日本奈良时期的皇族。长屋的全诗是：

山川异域，风月同天。
寄诸佛子，共结来缘。

《全唐诗》前有题注：

明皇时，长屋尝造千袈裟，绣偈于衣缘，来施中华。真公
因泛海至彼国传法焉。

唐明皇时期，日本的长屋亲王制作了一千件袈裟，每一件
上都绣着"风月同天"的诗偈，袈裟赠送给中国的僧人。鉴真
大师见到此诗，萌生东渡传法的愿望。

然而，真正的东渡却是在长屋亲王死后的第14年——唐朝
天宝二年（743）。

一首诗，引出一个念；一个念，结出一段缘。这段缘，

一千多年之后，仍然在传诵。

　　也就在开元、天宝年间，鉴真大师东渡日本前后，僧人开始喝茶。

　　开元中，泰山灵岩寺有降魔师大兴禅教，学禅务于不寐，又不夕食，皆许其饮茶。人自怀挟，到处煮饮。从此转相仿效，遂成风俗。

　　开元年间，禅宗兴起，学禅者不能贪睡，而且过午不食，于是就喝茶，到处煮茶喝，从此，喝茶成了风俗。

　　禅宗东渐，茶文化也随之东渐，并在日本形成茶道。

　　日本茶人山上宗二在《山上宗二记》中称："茶汤风采尽在禅也。"又说："茶汤由禅宗而出，故专依禅僧风范。珠光、绍鸥皆禅宗也。"这在告诉天下茶人：茶汤之道源于禅宗，所以茶人应该效仿禅院僧侣专心侍佛的心境，修习茶道。

　　透过"风月同天"，透过禅茶，可以感受到中国伟大传统文化的东渐，也可以感受到日本对中国文化的吸纳。新冠肺炎疫情无情，然而"风月同天"却让人感受到了文化相连的情感，滋生出了战胜疫疠的力量。

　　茶讲求静，讲求中庸，讲求养生。

　　纳山云舍茶，源于武夷正脉，闽北的佳山佳水；是为天生天养，自然野生；纳山茶的创始人既是医者，又是朱子后人。纳山之茶，养静养生养性。

　　相信疫情终将远去，然而，疫情肆虐之时，静居仍然是一种坚守最后胜利的美德，喝纳山云舍茶，也是为了"战疫"的——胜利。

精行俭德
——纳山云舍茶

从唐朝开始，喝茶就不只是喝茶了。

中国的文士，所见的香草花木林林总总，都有"德"。

如松竹兰梅，如菊桂莲蕣……于是，观世界，品万物，也就是怡性情。

茶，也就有了茶德。

唐代陆羽在《茶经·一之源》中说："茶之为用，味至寒，为饮最宜精行俭德之人。"

陆羽将茶德归纳为四个字"精行俭德"。

喝茶不只是解渴的生理行为，更是培育美德的精神行为。

至于，什么是"精行俭德"，有不同的理解，一般理解为：品行端正有节俭美德。

但我却更理解为：茶德，就是精进专一、又有节俭的美德，是"知行合一"，是专一践行又有自律品德的人。

也是唐代的刘贞亮，提出的茶的"十德"：

以茶散郁气；以茶驱睡气；以茶养生气；以茶除病气；以茶利礼仁；以茶表敬意；以茶尝滋味；以茶养身体；以茶可行道；以茶可雅志。

除了养生，喝茶已经有了道德感与仪式感了。饮茶的形式上升为一种高品位的哲学思想范畴，成了追求真善美的境界和道德风尚。

到了朱子，更是直接将茶的最高境界定位为"中庸之为德"。

将儒家最高的思想境界"中庸"贯穿到饮茶中去。

随着茶的输出，"茶德"观念也在唐宋时代输出到日本和韩国。

日本茶道鼻祖千利休就提出了茶道基本精神是——和、敬、清、寂。通过饮茶，在清寂中生出虔诚恭敬之心，达到和敬的道德要求。

韩国、朝鲜茶礼则倡导——清、敬、和、乐。与日本的茶道精神相比，则有一"乐"字，带上了以茶待客，"有朋自远方来，不亦乐乎"的感觉。

纳山云舍的茶，源自武夷正脉，天生天养，自抽芽、展叶、采摘、揉捻、发酵、烘焙到成茶，仿佛是漫长艰难的洗礼，也一样是道德的升华。

纳山云舍的制茶人朱旭，朱子后人，医学专业，唯有这种身份，更是体会出茶的仁德，并生仁爱之心，制出独特的纳山云舍茶。

疫情还在，但渐渐得到控制；工作要开始，各地渐渐复工。

独处仍然是高贵的品德——于是，静居喝茶，就有了道德感了，从"精行俭德"开始流传的中国茶德。

来一杯香茗——纳山云舍的云端之茶吧！

文会、团圆
——把一盏纳山云舍茶

　　春节将至，雅士邀集，家人团圆，朋友之宴——煮水，把一盏纳山云舍茶！温情弥漫！

　　宋徽宗赵佶（1082—1135），号宣和主人，宋朝第八位皇帝。

　　宋徽宗在位25年，即位之后启用新法，追求高品位的生活，在南方采办"花石纲"，在汴京修建"艮岳"，尊信道教，建起了大量的宫观，自称"教主道君皇帝"。当时，北方有金兵入侵，南方的农民起义风起云涌，梁山起义和方腊起义先后爆发。

　　宋徽宗做皇帝不行。但除了做皇帝，其他都行。所以，有人说，宋徽宗除了做皇帝，啥都擅长。

　　宋徽宗是一位才华出众的风流天子，善书画，山水、人物、花鸟、墨竹无一不精。书学黄庭坚，后自成一体，号"瘦金体"。是古代少有的极具艺术才华的皇帝。

　　宋徽宗精通茶艺，绘有《文会图》，著有《大观茶论》。

　　《文会图》是描绘宋代茶宴的上乘之作，展现的是宋代文士雅集的典型场景。宽敞而幽雅的庭院中，池水、山石、绿树。在树荫下，有巨大的长方形宴会桌，黑漆桌面上镶嵌精美的贝雕花纹。桌案四周设有青竹编织的座墩，上有锦垫，桌上摆有八盘丰盛的珍馐，六瓶插花。出席宴会的文士或官员十一人。主人席位单独设在上首，对应的下首设两席，两侧各设四席。开宴之前每位席前已放置一个高脚带托酒杯和一双牙箸。

　　有意思的是，画面上还画着侍茶、侍酒八人。一侍女左手端托盏，右手持长柄茶匙，正在从茶罐中舀取茶粉倒入茶盏。茶桌和矮几旁陈设有茶炉、水盂、水缸、酒坛等物。茶炉上置汤瓶两只，炉火正炽，正煮水候汤。童子一旁手提汤瓶，意在点茶。一位文士似乎口渴，亲自端盘来到茶桌边等候点茶。画幅左下方坐着一位青衣短发的侍女，左手端茶碗，右手扶膝，旁若无人地饮茶。宴会桌之后，花树间设一桌，上置香炉与琴。

图右上侧有诗《题文会图》：

> 儒林华国古今同，吟咏飞毫醒醉中。
> 多士作新知入毂，画图犹喜见文雄。

图左中有"天下一人"签押。图左上方有蔡京题《臣京谨依韵和进》诗：

> 明时不与有唐同，八表人归大道中。
> 可笑当年十八士，经纶谁是出群雄。

《文会图》体现了北宋时期文人品茗的一个场景。画中的备茶内容，是宋代点茶法的真实再现，有很高的艺术和史料价值。

《文会图》展现的不仅仅是茶道，还是文人雅士们淡然人生的一种生活方式，抛尘世纷争于度外，煮水点茶，团圆和庆，一派儒雅悠闲气象。

源自武夷正脉、天生天养的纳山云舍茶，适合雅士邀集，家人团圆，朋友之宴。春节，万家灯火，吉祥喜庆，宜泡一壶——纳山云舍茶！

愿天下父亲，茶寿安康

60岁，花甲之年；

70岁，古稀之年；

80、90岁，耄耋之年；

100岁，期颐之年！

还有，

米寿——88岁。"米"字由"八""十""八"三字组成。

茶寿——108岁。"茶"字：草字头，即双"十"，相加即"二十"；中间的"人"字底部的"木"即"八十八"；"八十八"加"二十"，得"一百零八"，故名。

　　纳山茶场，云雾满山，武夷正脉，天生天养——是为茶寿之茶。

　　纳山云舍创始人——朱旭，朱子嫡系后裔，儒学传家，仁者多寿；悬壶济世，医者仁心——医者多寿。天生好茶，天养好茶，天成制茶，愿天下父亲，茶寿安康！

人间烟火，感恩天地：
酌一盏纳山云舍茶

茶叶，感恩感念之物，尊天敬地拜佛祭祖，最崇高的礼仪，最虔诚的感恩，须用上好茶叶。

有一件比较有意思的故事，《南齐书·武帝本纪》记载，永明十一年（493）七月，齐武帝临终时，下诏称："我灵上慎勿以牲为祭，唯设饼、茶饮、干饭、酒脯而已，天下贵贱，咸同此制。"齐武帝特别下诏称，他驾崩后，祭祀必须要用到"茶饮"，而且，不论天下贵贱，都要这么执行！"国之大事，惟戎与祀"，祭祀是国之大事，齐武帝以帝王的身份，将茶祭列入了国家祭典。于是，后人感恩祖先，追思缅怀，就离不开茶了。

宋朝的皇族，为了感恩上天的恩赐，要举行隆重的郊祭，即"祭天"。郊祭要用到茶，首批贡茶必须在每年清明王室祭祀前贡到。于是，古建州的茶农要在清明前就采摘茶芽并制成茶，送往京城。欧阳修诗句说："建安三千里，京师三月尝新茶。"

值得一提的是，纳山云舍的山场，正是古建州的地域，是王朝盛典所用茶的产茶区。"自建茶出，天下所产，皆不复可数"，古建州的茶一出场，天下无茶！

当然，茶，还可以感恩贤人，以茶礼对待乡绅贤达。唐代韩翃说："吴王礼贤，方闻置茗；晋臣爱客，才有分茶。"以茶礼表示尊崇！

茶，逐渐进入生活，诗酒茶，不可或缺。唐人诗句写道，"或吟诗一章，或饮茶一碗"。诗与茶就温文尔雅地相生相伴了。只是，最初吃茶用的是碗，非常的豪放。因为碗，也就有了人间烟火之味。

千载儒释道　一盏纳山茶

确实，早在唐代，上至帝王将相，下至乡间庶民，茶叶成为"比屋之饮"，至于山中的寺院，高僧仙道也在喝茶。

诗僧皎然有诗《晦夜李待御萼宅集招潘述汤衡海上人饮茶赋》：

> 晦夜不生月，琴轩犹为开。
> 墙东隐者在，淇上逸僧来。
> 茗爱传花饮，诗看卷素裁。
> 风流高此会，晓景屡装回。

茗、茶、诗，还有，风流高会，这实际上是茶道的滥觞。

茶，可感恩天地；茶，可烟火人间！

只要心存感念，茶最是情感传递的使者。

朱子嫡传一脉、医学名家朱旭创设纳山云舍，撷取"武夷正脉，天生天养"的茶芽制最干净的茶，造最健康的茶。

感恩节至，愿"武夷正脉，天生天养"的纳山云舍茶为大家带来感恩之心，呵护现代人的健康！尊天敬地拜佛祭祖，尊友敬朋诗酒待人——以感恩之心，也向每一位纳山云舍客户致以崇高的敬意。

喝纳山茶，修在家禅

疫病汹汹，肆虐无情，在家自防自保，这样做，不仅为了自己，为了亲人，亦是益于社会。

于是，安居成了一种美德。

"喝纳山茶，修在家禅"，既是安居，也是防疫，更是不给人添乱的一种律己的高尚！

佛教禅宗修行的目的是顿悟自性，进入"超凡入圣"的不可思议境界，所谓"明心见性"。

顿悟，也称"开悟"，是苦修中突然得一机缘而体悟出天地大道。

唐代一位比丘尼，苦苦修行，一直没有修出豁然开悟的境界，冬渐尽春渐来的一天，看到梅花怒放，机缘就这么成熟了，比丘尼因此开悟。于是，有了一首禅诗：

尽日寻春不见春，芒鞋踏遍陇头云。

归来笑捻梅花嗅，春在枝头已十分。

灵云志勤禅师开悟前，非常痛苦，记载说他"昼夜亡疲"。春天来时，一天，突然看到桃花满枝，春色遍野，瞬间就天机迅发，心扉洞彻，开悟了，留下一首偈语：

三十年来寻剑客，几逢花发几抽枝。

自从一见桃花后，直至如今更不疑。

　　禅修者，看梅看桃，都能成为禅悟的机缘，无非是至朴至真，天然生发的气象让禅修者顿悟罢了；喝茶也一样。有人说"禅茶一味""茶禅共修"，茶是至朴至真之物，茶禅共修，就是以禅宗"明心见性"为归趣，由茶道直入禅境，达到圆满无碍的茶禅境界。

　　冬梅、春桃绽放的时光，正逢腊月、正月。

　　在禅家看来，这段时间，看梅、看桃、喝茶都充满禅机。

　　并不是每个人都有时间到寺院中去修禅的，其实，也可以修"在家禅"。

　　禅有寺庙禅，有在家禅。据说，"在家禅"这个概念最初是由日本京都派学者久松真一先生提出的，专指居家的茶道修习。久

松真一先生认为："茶道文化是以吃茶为契机的综合文明系统，具有综合性、同一性、容纳性。其中有艺术、道德、哲学、宗教以及文化的各个方面，其内核是禅。""闲寂茶将禅从禅院移到在家的露地草庵，将禅僧转化为居士之茶人，创造了禅院、禅僧所不能的庶民文化。说得夸张一些，闲寂禅也可以说是禅的宗教改革。"

　　纳山云舍的茶，源自武夷正脉的山场，秉承天生天养的栽培，原生态的生长，高海拔的地域，制茶者是朱子后人、医学专家，有儒家的真味，有医者的仁心，有禅者的至朴至真。

　　纳山云舍的茶室布置得如同禅家的修习道场，儒者的清静之地。茶禅一味，茶儒一味，煎水烹茶，真如呈献。适时，到纳山云舍的茶空间体验馆来。

　　当然，也可以泡一壶至朴的纳山茶，在家修行"在家禅"，在冬寒春归的时光里，慢下来，面对生命的可贵，疫病的无情，等待生命的悟。

行茶雅集　吾心独归

纳　山　云　舍

品茗之约：吾心独归纳山云舍

沸水冲入
来自武夷山高海拔的自然保护区
来自岩茶核心区的三坑两涧
自云端而来
自碧水丹山而来的纳山云舍茶芽悄然绽放
纳山云舍祥店店
弥漫着岩骨、花香、山趣、草味
弥漫着天地间的悠远
明清澈彻
清供、绿植、国画、书法、白墙、黑瓦
木门、木桌、木凳、木隔断

红尘中的一隅

特立独行又不违和的古雅门店

在朴素的光影中

在茶香的袅袅中

生活的苟且、无名的贪念被消融

是非与恩怨、名利与纠缠被放下

物欲横流

拜物教盛行

每一个人都难逃被异化的可能

也因此

我们开始无比迷恋那

纯粹的

自由的

静谧的

荡漾的

舒展的

活脱脱的

——生命感

迷恋诗

迷恋远方

迷恋像诗或者像远方的空间

于是

远离颠倒梦想

于是

怡情舒心

于是

我们来到最美茶空间

来到纳山云舍祥店店

纳山云舍的茶不仅仅是茶

是仍然没被异化的
遥远的
自然保护区的
纯粹的
最干净的
——山野清纯、一枝独秀的佳茗
时时唤醒我们麻木的灵魂
刻刻净化我们的肠胃肺腑
念念涤荡我们的心胸

我们因茶结缘

因茶而被疗愈

得以净化，得到鼓励

更由此获得力量

是的

纳山云舍茶能够变化气质

让人知晓如何摆脱红尘俗世

明白去留无意

认知天地精神

归来

坐下

内心光明，纯如赤子

音乐悠扬，光影从容

云舍的气象

缓缓铺开

焚香入座

浩然之气升起

你终将获得一种智慧

纳山的

最美茶空间盛大开业

品武夷山最干净的茶

乐哉！快哉！

来吧

吾心独归

纳山云舍

到纳山云舍『吃茶去』

有一则著名的禅宗公案：

二僧来参访赵州从谂禅师。

师问："上座曾到此间否？"

僧云："不曾到。"

师云："吃茶去。"

又问另一僧："曾到此间否？"

僧云："曾到。"

师云："吃茶去。"

院主问："和尚不曾到，教伊吃茶去，即且置。曾到，为什么教伊

吃茶去？"

师云："院主！"

院主应诺。

师云："吃茶去。"

一千多年前的一天，有两位僧人从遥远的地方来到赵州，向赵州禅师请教。

赵州禅师问其中的一位僧人，"你以前来过吗？"僧人回答："没有来过。"赵州禅师说："吃茶去！"

赵州禅师问另一位僧人："你来过吗？"这位僧人说："我曾经来过。"赵州禅师说："吃茶去！"

这时，带着两位僧人来见赵州禅师的院主就觉得奇怪，问："来过的，你让他吃茶去；没来过的，你为什么也让他吃茶去呢？"赵州禅师叫了一声院主。监院答应了一声。赵州禅师说："吃茶去！"

这则公案有意思的地方在于：不管是来过的，没来过的，常住的，都只一个"吃茶去"。

赵州禅师这三声"吃茶去"后来被禅门看成是"赵州禅关"，并成了禅林中的一大著名典故，经常在禅家的公案中为僧侣所喜闻乐道。

赵州从谂禅师，也即赵州禅师，他参学65年，住世120年。

不知道其中的"吃茶去"是不是他长寿的秘诀。

据《五灯会元》记载，盛产茶叶的江西、福建和浙江的僧侣说法回答中，其机锋用语常常就用"吃茶去"。

武夷山中的慧苑坑是著名的三坑两涧之一，就位于慧苑禅寺附近。

慧苑禅寺静寂与幽雅，朱子题有对联"客至莫嫌茶当酒，山居偏隅竹为邻"。经过时，常看到寺中僧人用红纸题写"吃茶去"的横批粘于门上。

慧苑坑是纳山云舍的名坑涧之一，源于慧苑坑的纳山云舍就能更好地诠释"吃茶去"的禅意。

于是，你可以到纳山的山场或纳山云舍茶生活馆，"吃茶去"，不管是新客人，还是老顾客，还是常来常往的相熟之友——都"吃茶去"。

纳山云舍的每一泡茶，都源自武夷正脉，天生天养。那么，"吃茶去"，就不仅仅是"吃茶去"了！

茶香袅袅，茶人如旧

　　一次会议上，有学生问相关学者："现在蔬菜、水果等，都农药残留严重超标，茶叶听说也到了不能喝的地步。什么都假，我们还有什么安全的食品吗？"学者慢吞吞地说："有没有脑子？既然什么都假，农药能是真的吗？"全场鼓掌久久不能平息，大家终于放心了。

　　虽是笑话，但也从侧面反映了当前国人的生存状态。在如此躁动不安、急功近利的市场大潮下，能守得住初心和底线是值得尊敬的。

　　有这么一群人，他们守住了初心和底线，因为他们懂得自然，感恩自然。

　　我说的是纳山云舍的纳山人，以及他们制的纳山茶。

　　纳山茶，自然的馈赠。一片树叶，落入水中，便成了茶。

　　纳山野茶，源于自然，长在武夷。肥沃的紫砂砾岩土壤、云雾缭绕的山头斜照、独特的小山场气候造就了一份饱含岩骨花香的甘醇。这片天生天养的高山野茶基地，位于平均海拔近千米的闽江源头汇水区附近；是处水质清冽，土壤膏沃。

　　茶树、竹木、果树、菌菇、鲜花等上百种植物交叠生长，野生动物翔跃其间，丰富的生态圈吸纳了朝露与余晖，也见证了纳山野茶的抽芽与清净。

　　为了感恩自然的馈赠，纳山人保住了这片茶山的无污染环境和原生态样貌。时光不语，静待花开，安心地等这些茶树慢慢地长，健健康康地长，才能实现真正的"天生天养"。为了每一片茶都是自然的精华，为了守得住茶人的一份初心，纳山野茶包涵了对自然的回归与敬畏。

　　特别的茶送给特别的你，一年只做一季茶。

　　在大部分人都歌颂金秋、享受丰收喜悦的同时，纳山人却选择了放弃秋收，站在他们本可以收获的土地上，眺望远方。因为，他们坚守着一份承诺——每年只做一季茶，春茶。春寒料峭，万物复苏。纳山人忍耐着高山低温和路途颠簸，伫立在高山险峰，出没于涧谷深壑，就为了这一丝茶香，因为茶树经过夏、秋、冬漫长的生长周期，能积累更多营养物质，滋味更加香甜醇厚。加上武夷山高海拔的降雪能够消灭越冬的病虫害，并补充水分，至春天养分回流，"茶"方能厚积薄发。这种以数量换质量的做法源于对茶深沉的热爱。纳山人，正用初心捍卫净土，这是他们对生命的尊重。

　　山清水秀，茶香千里。白鹭洲畔，纳山云舍，茶叶升华的地方。经过水与火的烹煮，寒与暑的历练，茶叶清香淡雅，自成高格。竹影婆娑，琴音绕梁，在这里，饮茶就是人与自然融合的过程；以茶为媒，人获得片刻的安宁与淡定。每一次品茗都是一次身心合一，融入自然，可让我们超越自我，打破束缚，归于自然，逍遥于心。

一啜足以慰红尘

喝茶去，要寻一处惬意的茶空间。

一处可供流连的茶空间，自有其生活趣味、人文倾向、文化品位，甚至民风民俗。

一方茶空间，一间茶室，甚至一隅一角，都融合自然。好的空间，不显不露或隐或露地显现出胸臆之气与天地之思。

所谓一花一世界，一木一浮生，又所谓芥子中见大千世界。

喝的是茶，沉于其中的是"境"。

纳山云舍的茶空间，善于造境。

中国的艺术传至日本，总会演变成"道"。

如书法，为书道；花，为花道；茶，为茶道……

是不是日本的文化更专注？可以这样理解。

　　但，中国土地广袤，民族众多，地域差异明显，因此，茶很难和日本茶一样，只建立一个独立的标准，一套独立的体系。

　　我们很难建立一个"道"来统领茶文化。

　　但我们可以建立一个茶空间来品味茶文化。

　　中国茶文化的多元化，与群体不同有关，也与自己在不同的时刻对茶的需求有关。

　　用茶思考，一个人的时候，一凳一几一茶具，借茶冥想，或取一杯热茶让自己释然，这是精神的茶；

　　遇到好茶、好器，遇见茶人、茶友，则到正式、端庄的茶去处，分享茶的况味、茶器的古文化、茶人的茶业学、茶友的茶观念，这是技术的茶；

　　春花、秋月的时光，晴好的午后，或阴雨的晨光，约上三五知己，在舒适、惬意、怡人的茶室中，聚聚，偷闲，品茶、聊天，这是生活的茶。

很难确定一味茶事，很难有一味茶事将这些需求都融和起来，这些行为不完全兼容。

所以，我们的茶文化，并不去设立一个特定标准，一个独立的体系。

于是，纳山云舍的茶空间，就有着兼容并包的中国精神。

我们用这一精神，尝试营造纳山云舍的茶空间。

我们有了纳山云舍祥店店、纳山云舍建发央玺店……

我们不止营造茶的空间；我们更注重茶的品质。

纳山之茶，天生天养，天成天造，不仅仅是健康饮品，更是匠者之心，仁者之情！

到纳山云舍茶空间来，喝精神的茶、技术的茶、生活的茶——更是一杯健康的香茗！

有简单、纯粹的精神空间；有匠人气息的技术空间；有惬意舒适的生活空间——还有一杯源于武夷正脉的天生天养纳山茶。

来吧，携手，到最美茶空间——纳山云舍茶空间来……

纳山云舍茶空间，一啜足以慰风尘！

煮茗清人心，何必在山林

林深灯暝时闻磬，径里烟生自煮茶。

饮茶者，总是喜欢寻找一片山水、一片天地，煮茗清心。

灵气从山水中走来，煮茗实为寻找胸中的山水。

城市的嚣腾，城市的声色，城市的氛围，城市的物欲，难以"清人心"，并默然与茶文化对抗。

纳山云舍茶空间，兼容于城市，又取势于山，取势于水。

纳山云舍茶空间是对茶精神的探求，到此中来，又何必在山林？

喝茶，只把茶当作饮料，在哪儿都可以。

把山水气、烟火气与茶元素融合，我们静处其间，感受世道之外的明觉，体悟云林中事，攸关天地风月，这是纳山云舍一直在探寻的。

我们的茶空间，致力于寻找我们这个时代丧失的美好。

纳山云舍茶空间，

宁静却不失优雅，远离喧嚣，气韵自彰，

择茶而饮，琴瑟小调，友士围坐，

闲庭花草，闻香希音，洁静之处，神明来宅，以茶养身，以空静心，身心和谐，萧然清远。

喝秘境山谷之泉，品天生天养之茶，

清心寡欲，忘形忘利，于是，体味生命的本真。

我们所期冀的，是减慢现代人生活的节奏，让世界清雅净

爽，让世界空阔无尘，让此处山水清音，喝最干净的茶，享最美的空间。

纳山云舍每一间茶室分别为儒家中五常之道的"仁、义、礼、智、信、忠、孝"。

天为幕，地为席，粗石为几、草木相对望、虫鸟伴和鸣。

是为，饮茶之极限的理想空间吧！

一花一世界，

一叶一如来，

一砂一琉璃，

一方一净土，

一笑一禅韵，

一念一清净，

禅意、儒意、山水意

——煮茗清人心，何必在山林。

香
道
：
一
瓶
秋
水
一
炉
香

整顿衣巾拂净床，一瓶秋水一炉香。

不论烦恼先须去，直到菩提亦拟忘。

诗的作者白居易。白居易是推崇香道的诗人，"一炉香"在诗中时常出现。如"闲吟四句偈，静对一炉香"，如"虚窗两丛竹，静室一炉香"……

香道，于中华，源远流长。五千年文明，香火不断。香道是关乎气味的学问，是人类在自身生存与发展的过程中所积累的关于用香的一系列感悟、体验与技术总结。

香虽细微，却集宗教、艺术、医疗、休闲、生活日用诸功能于一体，所谓"一色一香无非中道"，香的文化内涵，包含了"仁义

礼智信""温良恭俭让"的传统中华民族美德。

2020年，庚子之岁，动荡多变，安逸的生活状态被打破，危机感涌现，身心俱疲，四顾茫然，忧从中来，不知所措。

此时，传承千年的香道可以为我们解惑。让我们学会慢生活，回归宁静，重拾快乐。在"一瓶秋水一炉香""静对一炉香"的优雅中慢下来，慢下来去感受生活，感受自己的状态，并感受中华传统的香道文化，体悟香道中蕴含的"温良恭谨"的中华传统美德。

纳山云舍致力于为有缘人打造雅致健康慢生活，我们邀请婷婷沉香创始人——林婷婷为我们讲授《香道》，并指导我们香道实操体验。

我们本次香道活动主要用香为沉香，在众多香料之中，沉香被认为是最高级、最纯粹的香。沉香不仅有丰富、优雅、沁人心脾的香气，还具有益补脏腑、运行气血、舒缓身心、安眠抗郁、平脂祛痘、收敛生肌等多种疗愈功效。

林婷婷：沉香创始人，香文化教师；香文化传播人物，广西沉香协会副会长，香文化发展推动者。

花道：求清求雅，崇幽崇净

中国是世界文明发达的国家之一，具有光辉灿烂的悠久历史和文化传统，也是世界上著名的花卉宝库。中国的花卉资源丰富，在世界上已有的约27万种花卉植物中，中国就有约2.5万种。

花道，与茶道相契。插花置于茶席，揽群芳缤纷，万千变化，自成一体，卓尔不凡。于是，可以观赏，可以遐想，可以感受人世的美好。自古以来，烧香、点茶、挂画、插花，就是士庶一致追求的风雅闲事。

纳山云舍中，悬着字画，焚着清香，煎着佳茗——当然，更可援引花道的介入。

茶席的空间有限，插花会让美感在茶空间上延伸，在茶席的有限空间呈现无限美感，为生活为品茗增加雅趣。

茶与花兼性相宜，心性相融，教人求清求雅，崇幽崇净，清心寡欲，进而修身养性，达到心灵的升华。纯真、质朴、清灵、脱俗、清简，为茶道插花追求的精神。精神层面，必达于神圣。日本的光明皇后在诗歌中写道：

> 花木本佛体，枝叶如手臂。
> 劝君莫摘采，敬花如敬神！

茶道、花道，交相融合，交相辉映。品茶时，折取四季花枝草木入器，一枝一束，将心中的欢喜或平静凝固在美丽的器具中。品茶者，在一杯茶，一枝花中感受生命与自然与季节的嬗递变化，有了清雅幽净之情，有了心灵升华之美。

茶道，花道——两相宜也。

纳山云舍敬邀小原流家元教授亦华老师带我们走近花道，带我们体验东方插花之美，并指导我们实践插花。

亦华：小原流家元教授、小原流厦门支部副支部长，习花6年，专业教授小原流花道4年，致力于传播具有120多年历史的小原流花道，身心灵学习者，专注自我探索与发展。

花道：一花一世界

花道，融合了人与自然之美
折四季花枝，取四时草木入器
自然造化之意，生生不息之姿，展现生命的线条与美感
营造一种幽雅、返璞归真的氛围
一枝一束，一花一木，总关乎情
关乎内心的欢喜或平静
再凝于静穆的器具中
观者，感受到生命的不息，自然的嬗递
天、地、人，三位一体

春、夏、秋、冬，四时和谐

优化审美的同时

丰富精神世界和生活方式

天地的无言，四时的变迁，草木的品格，寄予心灵深处

珍惜眼前的万事万物，当下即是永恒

一枝淡贮书窗下，人与花心各自香

通过自己的双手

展现自然的姿态与美感

绽放心中的美好

分享美好的心境予身边的亲人和爱人

观赏者，同赏共鸣，情动于中

美哉，花道

妙哉，花道

我国诗歌的源头《诗经》《楚辞》中，以花传情、装饰仪容的歌谣一直在袅袅传唱。发展到东汉，高士雅客们切花插水贮养，或者以圆盘放置树、楼、鸭等陶制品象征大自然的无限生机。唐朝的佛堂供花更是影响了日本人的生活方式，传到日本后，因为天时、地理、国情的不同，到室町时代（1393—1573）开始和宗教脱离，变成独立的以欣赏为目的一门艺术，并形成了各种流派。

纳山云舍敬邀小原流家元教授亦华老师带我们走近花道，带我们体验东方插花之美，并指导我们实践插花。

小原流花道：19世纪末由小原云心创建，日本花道的三大流派之一。相对池坊流的"古典花"，小原流属于"自由花"。相比之前古典插花的线性表现，小原流风格在表现上更加活跃多样。相比较以前的插花手法均以线条变化为主，而盛花强调面铺开方式。如今为大家所熟悉的使用水盘和剑山的插花方式，就起源于小原流。

医者仁心　广结茶缘

纳山云舍

他本是一位名医，却做出了中国最干净的茶……

朱旭，他是一名仁心仁术的好医生："病家求医，寄以生死，唯有全力以赴医治方能心安。"30年从医生涯，他是这样想也是这样做的，他秉持医者仁心、治病救人的信念，始终坚守在临床一线，精勤不倦磨炼医术，终成麻醉学领域的专家。作为医生，他救治病人，但他更希望天下人都有健康的生活，都懂得如何健康生活。也源于他的医者仁心，他做出了一泡业界标杆的干净茶，我们且听医界同仁眼中的医者茶人——朱旭故事……

一心做中国最干净的茶

朱旭先生是福建地区乃至中国知名的麻醉学专家,他的另一个身份是朱子的第二十六代孙,也正是这个特殊的身份,自幼受到家里的传统教育熏陶,比如抚琴、书法、饮茶等。

朱子自幼在武夷山生长,对"建茶"十分熟悉,后来还担任过茶官,任浙东常平茶盐公事,曾写过《劝农文》,提倡广种茶树,并且身体力行,制茶饮茶。在武夷山留下诸多的茶诗词和饮茶制茶的遗迹。

朱子(1130—1200),名熹,字元晦,一字仲晦,号晦翁、云谷老人、沧州病叟等,人称紫阳先生、考亭先生,谥号"文",世称文公。朱子是宋代著名的理学家、思想家、教育家,是儒学的集大成者,是新儒学的核心代表人物,是孔子、孟子以来最杰出的儒学大师。

朱子著名的《咏武夷茶》一直流传至今,其诗为:

> 武夷高处是蓬莱,
> 采得灵根手自栽。
> 地僻芳菲镇长在,
> 谷寒蜂蝶未全来。
> 红裳似欲留人醉,
> 锦障何妨为客开。
> 饮罢醒心何处所,
> 远山重叠翠成堆。

也许正是因为血脉里的这份传承,2005年,为了帮助保护区茶山上一对贫苦孩子完成渴望上学的愿望,朱旭拿出自己的工资资助他们步入学堂。由于家乡亲戚都在产茶区,茶产业也是当时又重放光芒的新兴农业项目之一。

　　朱旭开始深入茶区调研、走访，希望能通过自己的努力，带领深山保护区的茶农走上发家致富之道。

　　朱旭整合了保护区茶农成立合作社，开始梳理保护区最好的古茶树（奇种），以天生天养的方式来保护和使用这些茶树。扶贫工作开始后，他才明白，事情并不像想的那么简单。

　　如何来管理这些上天的恩赐、市场如何开发等问题都摆在朱旭面前，是像其他的茶场一样，采用化肥、农药来减少投入成本、增加产量，还是坚持纯天然、无污染的种植。

　　如果坚持纯天然、无污染的种植，就必须不施肥、不打农药、人工割草，也就意味着每生产一斤*茶，投入的人工成本就会增加几倍，而且每亩地茶的产量只有使用化肥、农药种植的几分之一。

　　经过再三权衡，朱旭先生同夫人商量选择纯天然、无污染种植，决定卖掉所有股票并向家里哥哥、弟弟借款。

　　*　斤为非法定计量单位，1斤=500克。——编者注

这时，家里亲戚朋友都反对他这样做，认为他现在放弃还来得及，当医生，已经足够生活，为什么非要去种茶，深山茶农的生活和收入不关他的事。

朱旭思考良久，最终一个信念使他坚持带领茶农继续走下去，那就是：如果他放弃了，茶农迫于生活，一定会选择化肥、农药种茶来提高收入，以后谁还能喝到天生天养、干干净净的茶，作为一名医生，他明白化肥、农药的使用意味着什么，这样既违背了医生的职业操守，也会受到良心的谴责。

也许是朱旭先生的善心、义举感动了上天，2007年正当茶园急着要用钱的时候，他的股票连连上涨，卖掉股票刚好够茶园急需。10余年来，他一直坚持自己的信念，只做中国最干净的茶。

终于，上天再次被感动，2015年，正在做红茶的时候，碰上停电，做了一半的红茶无法进行下去，决定采用乌龙茶的工艺，没想到无心插柳柳成荫，这次做出来的茶因为没有达到红茶的发酵程度，既具备红茶绵柔的果蜜香，又具备乌龙茶似兰的幽香，因此取名"红乌龙"。

朱旭这种做法，很长时间在武夷山及周遭地区受到大家的质疑，因为明摆着把利益放弃，做的又是事倍功半的事情。甚至一些合作的经销商也对茶品纯"天生天养"的品质抱着将信将疑的态度。因为他们觉得，可能你带领我们参观茶山的时候，正好是不施化肥、不打农药的时候。可是，我们不是一年365天都守在山上。当然，也有好事者要试试这些茶的真伪了。

2016年，为了向大家验证这款"红乌龙"是否为最干净的茶，朱旭将茶叶送到国家茶叶质量监督检验中心对"六六六""滴滴涕"等共25项进行检验，检验结果比国家标准要求好1 000倍。结果出来后，经销商和诸多合作伙伴才心服口服，打心底对朱旭的多年坚守表示钦佩。

此后朱旭还邀请农业农村部、福建省等茶学相关专家一行7人来到自己创办的纳山云舍茶的生产基地，武夷山自然保护区溪云谷茶厂对公司红乌龙生产进行实地考察与品质鉴定。

专家实地考察发现：该公司茶园基地零星分布于武夷山国家级自然保护区核心带，山高，四周林木茂密，空气清新，水质清澈，土壤疏松，有机含量高，自给肥力好，生态条件极佳。坚持传统管理，不施化肥，不打农药，全人工割草，有机栽培；生产加工车间宽敞明亮，机具洁净，管理有序；现场成品库随机抽取红乌龙样品进行品质鉴定，意见是：

一、外形

条索紧结、匀称、乌润有光泽。

二、内质

（1）香气既具乌龙茶似的幽兰，又带红茶之绵柔的果蜜香，持久宜人。

（2）滋味醇厚、鲜爽，水中带甜，回甘快捷持久。

（3）汤色橙红色，清澈明亮，金圈明显。

（4）叶底柔软有弹性，既有红茶的古铜色，又有武夷山岩茶的棕褐色，相衬相托。

专家一致认为此款高山乌龙，原料原生态，生产加工技术老到，品质上乘，具有独特的风格。农业农村部专家组专家、中国农业出版社审编穆祥桐先生更是被朱旭先生的执着、坚守所感动，题词"茶医一道、泽惠万民"送给朱旭。

十几年的坚守，我们的医学同道朱旭先生一心向善，做讲良心的人，做最干净的茶，终获得成功，"红乌龙"也将载入茶学史册。

作者简介及纳山茶缘

叶章群教授，武汉华中科技大学同济医学院教授、主任医师、博士生导师，享受国务院政府津贴的国家级专家。现任同济医院泌尿外科主任、中华医学会泌尿外科分会前任主任委员、湖北省泌尿外科学会主任委员、全国著名泌尿生殖疾病专家。曾获多项国家自然基金课题奖，发明和改良多项泌尿外科新手术，尤其致力于慢性前列腺炎的诊治方面研究。获得全球华人泌尿外科成就奖、吴阶平泌尿外科医学奖、裘法祖医德风范奖。

叶章群教授在2011年，担任同济医院泌尿外科主任，兼任中华医学会泌尿外科分会主委期间，工作繁忙，一度精神紧张、睡眠不好、血压很高。在听取好友劝告后，放慢工作节奏，每日开始饮茶，六七年下来，血压稳定、身体状况也好了很多。在此期间，叶教授深入学习了茶文化，也结识了各行各业的茶友。

与朱旭先生既是医界同仁，也是品茶论道的茶友，叶教授深切认同朱旭先生"天生天养"的制茶初心，喜欢纳山茶的纯粹、纯净，尤其是品到纳山野生红乌龙时，对这款茶赞不绝口：香气悠远绵长，滋味醇厚甘活，山野气息明显，有泉水和森林的味道，几小时后依然满口回甘。

一名医生的游记：
为了那份关于生命的坚守

　　这是一群医生在工作之余访遍大江南北，寻找真正健康的好茶、传播中国茶文化的故事。作为医生，他们救治病人，但他们更希望天下人都有健康的生活，都懂得如何健康生活。

　　陈国毅：建阳医院泌尿科主任，全国泌尿协会委员，爱茶、懂茶，了解到纳山云舍和朱子后人的故事之后，写下随笔"为了那份关于生命的坚守"。

为了那份关于生命的坚守

　　再次见到他的时候，是朋友带我去一家茶舍喝茶。对于这家茶舍，朋友给我的介绍是"都市里的世外桃源"。作为一个"实证主义"的理

科生，对于这样的描述，我是抱着几分好奇与怀疑的。但很快我便证实了朋友所言非虚。

竹影摇曳、流水叮咛、茶雾袅袅、墨香不褪，还有那一曲令人豁然开朗的《沧海一声笑》，一切全都符合人们对"世外桃源"的想象。

当我见到这位身穿中式布衫、悠悠然然地弹着《沧海一声笑》的茶舍主人时，着实吃了一惊。因为，我上次见到他时，他正穿着白大褂，准备进入手术室。

他，朱旭，是一位麻醉医生，不少患者都指名请他为手术保驾护航。对于这样的身份穿越，我觉得十分惊诧。

一曲弹罢，朱旭抬头，他认出了我，也捕捉到了我眼里的惊诧，朝我善意地笑笑，如春风般温和。

随后，我们仨坐下来闲聊。我们最关心的问题自然是为什么一个如此有名的医生在百忙之中还开起了茶舍。就着香气醇厚的大红袍，他跟我们讲起了一段有关生命、坚守和茶的故事。

不少朱旭的朋友都知道，他是从武夷山区走出来的一个穷学生，凭着吃苦耐劳和认真钻研的精神，从一个实习医师一步步成长为医术精湛的大专家；在他的手下，挽救了许多生命。但大家不知道的是，朱旭竟然"出身名门"。他，是宋代著名理学家、思想家、教育家——朱子的第二十六代孙。

朱子一生好茶，且在晚年给自己取了一个雅号——茶仙。他精于武夷茶道，不仅品茶、论茶，还曾亲自参与种茶、制茶、煮茶、宴茶、斗茶、咏茶，堪称大师。朱子从武夷茶中获取了许多理学思想与文学灵感，然后著书立说，成为一代大家。

这样的家学渊源就是朱旭跟茶结缘的起点。他的家乡有大片的茶山，朱旭从小就爱喝茶，能敏感地分辨什么样的茶才是好茶。

怀着一颗悲天悯人的心，朱旭做了一名医生，救死扶伤成了他的天职。从医二十余年，朱旭见证了许多生离死别，人世悲欢，对生命愈发敬畏。

"没有什么比生命更重要的"，朱旭由衷地感叹，"生命没了，有什么都不顶用咯"。

尽管经历多了，但直面生命逝去，朱旭依旧觉得十分沉重，难以接受。朱旭说，手术台是守护生命的最后一道防线，这道防线一破，神仙也回天乏术。出于医者仁心的天性，他总想在最后一道防线之前再做点什么。

"现在很多人生病都是因为生活方式不好，吃的也不健康"，朱旭叹了口气，"摄入毒素过多，肝和肾坏得特别厉害"。

朱旭还讲到，他也曾劝过很多朋友转换生活方式，但效果都不是很好，找他看病的朋友挺多，找他聊养生的朋友却很少。

"光说大道理很难说服人的"朱旭呷了口茶说，"我发现只有亲身示范，才能带动更多的人跟随到我的生活方式里来"。

一次回乡祭祖的经历，让朱旭找到了能影响他人生活方式的载体——茶。

十年前，朱旭为了帮助保护区茶山上一对贫苦孩子完成渴望上学的愿望，回老家。一日，他到先祖朱子长眠的圣地祭祖，随后漫步，这是一片原生态高海拔的野茶山。无数野茶树就这么静静地长在这里，吸天地之灵气、汲日月之精华，然后孕育出珍稀的野茶叶。

望着先祖留下的这片野茶山，一个深藏已久的想法破土而出，变得清晰而坚定。

年少时，朱旭心中就有个模糊的念头，要把这些上好野茶带出武夷，带向世人。多年后，他参悟出了真正的人生理想，就是要像先祖朱子那样，"以茶修德、以茶寓道、以茶交友"，既实现自我修炼，又能影响他人的生活。最重要的是，他血液中流淌的那份爱茶、嗜茶的基因被这些原生态的野茶彻底唤醒了。这趟行程之后，朱旭就说动了家人，集全家积蓄开始了这项事业。

听到这里，我不禁为朱旭捏把汗，一个医生，没做过任何商业评估，只凭一念冲动就开始经营一项产业，从生意的角度来说是很冒险的。但后来我有幸被邀请上茶山参观，又不得不佩服朱旭的眼光。这真是一块宝地，真正体现了朱旭不断强调的做茶理念——天生天养。

这片茶基地是武夷山茶的正脉产地，在这里，我看到了国家级自然生态保护区的牌子。

该地四周群山绵延，应属武夷山的高山峡谷。

我感叹这片茶山的雄伟多姿，更惊艳于这里的流水淙淙。

这片茶山刚好位于平均海拔近千米的闽江源头汇水区附近。这里的水质清冽纯净，富含矿物质和有机物。也或许因此，这里的土壤特别的润泽肥沃。此外，这里常年云雾缭绕日照少，正是极适合茶树生长的环境。不仅是茶树，竹木、果树、菌菇、鲜花等上百种植物交叠生长，而且，动物自由欢行，生态圈层次相当丰富，实现真正的"天生天养"。

朱旭说，这野茶山平时不用太多打理，主要是保护起来不叫别人污染，不让别人破坏。

最忙的时间是采茶时节。正因为平时任其生长，所以采摘起来，东一处西一处，高一个矮一个，非常费工夫，也只有手工才能采摘，机器毫无用武之地。

每一株茶树仅仅采摘最上面能够入茶的几叶，在深山里，一般一个采茶农每天采野茶的茶青也只有几斤。而如果是单采做野生金骏眉的芽，在老树林里，一天只能采半斤多。

当问到作为茶商，是选茶难、制茶难，还是经营难？朱旭说，最难的其实是坚守。首先是守得住清净寂寞，为了保持住这片茶山的无污染环境和原生态样貌，实行专地专用，不参与武夷旅游的热潮。然后是守得住耐性，一年只采一季茶，只做一季茶，就为了每一叶茶都是最好的精华。最后是守得住初心，坚持不施化肥，不喷任何农药，安心地等这些茶树慢慢地长，健健康康地长，实现真正的"天生天养"。

我对朱旭开玩笑说，你这不是以一个商人的心态来经营茶山，而是以一名医生的严谨来挑选保健品啊。朱旭也笑着说，没办法，可能医生做久了，见不得不健康、不环保的食品。

从武夷归来，我又来到白鹭洲里的纳山云舍。闭上眼睛，再品一口纳山野茶，那种饱含岩骨花香的甘醇显得更加浓郁，从舌尖向喉咙蔓延，似乎能感到这股香气在体内弥散，最终化为一股暖意流向四肢百骸。听着古琴、闻着书香，一壶茶后，通体舒泰，深觉这种隔绝了都市喧嚣的品茶时光真是神仙般的潇洒快意。

朱旭说，茶只是一种载体，更重要的是，他希望通过茶，带领朋友们一起感悟慢生活，创造悠闲、怡然、富有人文情怀的健康生活氛围，这才是对生命最大的尊重。

纳山云舍

袅袅茶香中

细品

历经沧海桑田的古茶树

领悟人生真谛

茶人赞茶人，英雄惜英雄
——海峡两岸茶协会会长莅临纳山云舍

　　福建省委原常委、省人民政府原副省长、海峡两岸茶业交流协会创会会长张家坤先生出生于茶叶之乡，一生爱茶，闻知纳山云舍茶香袅袅，携海峡两岸茶协4位副会长一行到纳山云舍品茗。

　　张家坤先生对于茶叶的品鉴有很深的造诣，如今已经是茶叶行业泰斗级的人物，并且在他的发愿和努力下，海峡两岸茶业交流协会得以创会。

　　海峡两岸茶业交流协会是在福建成立的第一个全国性、综合性的联系海峡两岸的茶业社团组织，这一组织以"茶"作为联系海峡两岸的纽带和桥梁，为两岸亲缘连接，乃至为祖国的统一都做出了巨大的贡献。

　　此次，张家坤会长来厦门是为了参加厦门国际投资贸易洽谈会，为两岸茶文化向世界传播不辞辛苦地奔波。

入夜时分，张会长才偶得片刻闲暇，受好友福建省教育厅老厅长朱永康先生之邀，前来纳山云舍，品茗歇脚，谈笑风生。

高朋远来，行家相会，纳山云舍自然捧出代表茶舍最高水平的"云谷留香"。

这款茶品属肉桂，是纳山云舍众多茶品中，香气最芬芳，口感最醇的，一杯入口，可见武夷纳山层峦叠嶂；二杯入心，仿佛云端清风自来；三杯入腹，顿觉周身舒畅，唇齿留香。

女为悦己者容，茶为能品者香。当晚茶舍之内，都是懂茶、爱茶、痴茶之人，对此好茶，无不赞不绝口，陶醉其中。

当得知，纳山人信仰"天生天养"，也就是自然天成，不施化肥、不施农药、人工除草、人工采摘，一年只做一季茶的坚持，张家坤会长更是非常感动。

兴致所致，张家坤会长还答应回家后就为纳山茶题词，表示赞赏，同时也是一份认证。

> 箬笪湖畔谪仙家，高朋同聚云谷乡。
> 偃月只配忠义取，懂茶之人解茶香。

愿天下爱茶之人，唇齿留香，幸福安康！

这一站，纳山

我们要亲近自然，

我们要深度呼吸，

我们来到纳山野茶基地。

下动车，又坐了一个多小时的汽车，车上听朱旭先生跟我们讲武夷山的风土人情，很长见识。

一小时二十六分后，我们终于来到了目的地——溪云谷茶厂。超大的现代化厂房一下子震撼了大家。

这里还是以传统工艺为主，加之每年只采一次春茶，因此茶叶的年产量十分精简，也更凸显野茶珍贵。

真是清香沁鼻，闻之神清气爽。

由于第一天旅途劳顿，我们没有马上上山，而是跟着朱旭先生来到产区附近山脚下的溪河边散步。清新的空气，夹着溪水的芳香，满眼都是绿色植被树木，还有叫不出名字的小花。

流连至傍晚，更发现令人心醉的美景。随着溪流婉转，忽现一座拱桥，跨过溪水，伴着夕阳的余晖，映在流水里，如诗如画。

过桥再往山脚走去，路旁的野果子，成了我们的餐前水果，太美味了！天色渐晚，我们满载着收获回到厂里，那里已经为我们备好了一桌美食！这一点都不像朱先生所说的粗茶淡饭，都是山珍野味嘛！

山里的蔬菜都有一股不一样的清甜。

饭桌上，朱先生给我们讲起他的先祖朱子。

朱子一生好茶，且在晚年给自己取了个雅号——茶仙，这也是他最后一个笔名。在同安担任主簿不顺利后，朱子来到武夷深处潜心研究"经世致用"的学问。在这里，他找到了一片天生天养的野茶，在这里，他完善了"格物致知"的理论。后来，他的子孙留在了这片山脉，世世代代守护着先祖悟道的圣地。

吃饱喝足后，我们来到了此次行程的驿馆——木屋。外观古朴雅致，屋内设施配套齐全。一切都是温馨的，家的感觉。舒适的环境使人特别好睡，第二天大家都起了个大早，神清气爽。早晨的空气满是清香，茶的清香。早餐之后，我们正式开启了纳山之旅！

第一站是海拔在700米左右的砂仁坑野茶基地。

这一片茶场的部分茶树属于天生天养的野茶，部分茶树属于半种植茶，也就是除了人工除草之外任其生长，不施肥，坚决杜绝农药。所以这片茶树比正常茶园晚采摘一两年，而且只采一次春茶。

走着石头砖块垒出的小路，穿梭在林间，走过大半个山腰，闻着茶香，感受天生天养的气息。

林深不知处，但闻野茶香。

中午又是一顿美食，稍做休息后，我们出发前往下一个目的地——雷公口野茶基地。我们一路颠簸向着大山深处驶去，道路只能容纳一辆汽车行驶，对向来车时，就需要一方避让。

途经雷公口水库时，我们都被那宏伟壮观的场面震撼到了，听说

这里将要改造为饮用水源的源头，更好的得到保护。

过了水库，又行了一阵车程，我们终于来到神秘的雷公口野茶基地。

这里又是一番不一样的风景，没有整齐划一的排列，没有一圈圈的梯田，一切都是那么的野性。一株株茶树生长在乱石之中，编织成一副纯自然的美景。一位茶农站在石堆上采摘着为数不多的嫩芽，满头大汗！

快乐的时光总是短暂的，我们恋恋不舍地告别这里，告别山野，告别木屋，告别大伙，带上满满的正能量，回到城市，回到平凡的生活。

临别前朱先生跟我们挥手告别，我看见了一位纯朴的朱子后人，一位德艺双馨的大夫，一心想把他那天生天养的原生态高海拔野茶介绍给所有爱茶的朋友们。他想带着他的野茶走出大山，想让他的野茶给人们带去健康，带去快乐。

雷公口野茶
——武夷正脉天赐之宝

在武夷正脉深处，有一个海拔千余米的峡谷——雷公口峡谷，那是纳山野茶基地之一，孕育着纳山野茶中的珍宝——天赐系列野茶。所谓天赐野茶，则是得上天之恩赐、汲日月之精华的古树野茶。

古 茶 树

一株长在武夷保护区深处，1 200米高山岩缝，高约5米，树龄500年以上的古茶树，为纳山云舍上百株野茶树中的精华，也是纳山人秉承"天生天养"精神的魂之所在。

知名演员黄海冰莅临纳山云舍品茶

说到黄海冰，不少人都知道他当年是名震四海的"武侠王子"。

一袭白衣胜雪、一柄长剑如冰，一位美人在侧，举手投足间尽显武侠的英气、王子的潇洒。

当时的"武侠王子"在戏里就如同一杯清雅爽口的白毫银针。

那么清澈、那么灵动，形态舒展，俊逸脱俗，闻一下神清气爽，品一口淡雅回甘。

弹指一挥间，十余年过去了。当年的"武侠王子"退去了青涩的白衣，穿上了一身灰布长袍。黄海冰倾心演绎青年毛泽东，在《东方战场》《开天辟地》《毛泽东在上海1924》等影视作品中的出色表演受到了观众广泛认可，这也是继唐国强之后又一位能够获得业界公认的"毛主席专业户"。

这时戏中的黄海冰如同一杯温润的红乌龙。

少了些许清新的鲜味，却多了一份成熟的香醇，沉淀了岁月的风华，酝酿出淡定而悠远的气韵。一杯下肚，岁月静好；两杯下肚，举重若轻；三杯过后，胸中生出一股成竹在胸的适意，谈笑间风生水起、临大事终有静气。

黄海冰纵横片场数十载，刀光剑影中，感叹戏如人生；他低调莅临纳山云舍品茶，幽香绕梁中，感叹人生如茶。

野茶山游记

总听纳山云舍主人朱旭先生对我讲述，这纳山里的野茶天生天养，处于深山之间，人迹罕至。

每每品到那沁入心脾的香茶，都勾起我对那重峦叠嶂的遐想。

想去看一看，到底是怎样的一种"野"，才产出这一种"香"。

从鹭岛出发，即使坐了最快的动车，也需要三个多小时才到达武夷山东站（现南平市站）。

再驱车一个半小时，通过左拐右扭的山路来到茶厂。

保护区一股自然的味道扑鼻。见到了茶厂周大哥，他笑笑说，之前的路算是相当平坦的了。

之后换了皮卡车，开始上山，接下去的两个多小时，我才知道他那淳朴笑脸的深意。

上上下下，左左右右，摇来晃去。仿佛城市人骑马奔驰的"快感"。

路上建明哥打电话来问感受，我说，怎一个"颠"字了得。

晃到庆幸中午没有多吃一口饭，

摇到肚子饿一会能多吃不少饭。

都说山路十八弯，这一会用百折千回也不算夸张。

加上车不断向上盘旋，周边山崖的险峻也凸显了出来。

就这样大约颠了一个小时，中间在一处水坝稍事休整，这个水坝说是雷公口电站的水坝，是当地人的饮用水源。在如此深山中寻找可饮用的水源，可见当地人相当懂山懂水。然而我们要去的，正是这水的源头，纳山深处。

之后，又是半个多小时的"颠"。

翻江倒海、七荤八素之后，终于在一处山脚下相对平坦的平坡停下。

再往上，就是茶民摘采野茶的地方了。

我们到的时间，已经采摘过了，偶尔看到遗漏或者新长出的芽尖。

真切地感受到了那岩石间杂乱又狂野的野茶。

周大哥说这野茶山，平时不用太多打理，主要是保护不叫别人污染，不让别人破坏。

最辛苦的时间是采茶的时节。正因为平时任其生长，所以采摘起来，东一处西一处，高一个矮一个，非常费工夫，也只有人手工才能采摘到，机器毫无用武之地。

每一株仅仅采摘最上面能够入茶的几叶，一般一位采茶的茶农一天采几十斤茶青，如果是单采做野生金骏眉的茶芽，在老树林里，一天只能采半斤多。如果在深山深处一般采野茶的茶青也只能采20～40斤。

收茶的时候，四十多位茶农，一天要采摘近百斤，那颠簸的山路每天要跑两回，连续三四十天。抢茶期，就连周大哥也觉得骨头都要晃得散架了。

我笑称，不要说上山采茶运茶，我能把我自己运到山顶就很了不起了。

日头很毒，又过了采茶时节，我们的目标转为寻泉。

就离野茶山几步路处，就有一口清泉。

只听说过清泉的我们有些犹豫，而周大哥和同行的朋友已经急不可耐，直接走入泉水中，洗了把脸，捧起泉水就大口喝了起来。这让我有些不知所措，这水能直接喝？周大哥说，在这里连个人影都没有，绝对是山泉。

纳山盘谷寻清泉，山民豪饮得道仙。

嬉戏片刻后，我们沿着来时的路，又是一路颠簸回到茶厂。

这一路，值得又不容易，只有这样坚守住了这崎岖颠簸山路进得深山，才能存得下那瑰宝般的野茶。而那一杯看似朴实无华的茶汤背后，是纳山云舍护山的山民、采茶的茶农，以及一切爱山水、爱茶香人的辛勤付出。要品味这一口好茶，请来纳山云舍。

一睹倾情
——探寻雷公口野生红乌龙

　　写此文并发布，我颇有些犹豫，因为担忧识货的人多了，纳山云舍茶的相对存量就少了，这样一来价格就水涨船高。但美好的东西跟朋友们分享能让我更快乐，况且我的影响也没有那么大。

　　现代制茶工艺让茶进入千家万户。但由于商品化需要速度、量大，从茶叶最初的源头到制作都无法保证品质。45天的速成鸡不会是土鸡，5个月出栏的猪也不会是土猪。

　　我们常见的茶山，整齐规则，有利于除草、施肥、机器采摘。这种茶山做出的茶与纳山云舍做出的野生红乌龙茶，高低已辨。

　　雷公口水库大坝——天公作美，双彩虹若隐若现。

　　奔腾的激流带起蒙蒙水雾，滋润着周边植物。

　　与水坝的"动"相比，水库的"静"让人心旷神怡！

野生红乌龙在石缝中与苔藓相映成画。

野生红乌龙生长在不规则的山石地块中，增加养护难度。一年只手工拔草两次，没有施肥、没有农药，纯粹天生天养！

野生红乌龙与各种灌木、地被植物和谐共处。一年仅采摘一次，产量多么少，品质多么高！

野生红乌龙静静地生长在水库上游的溪边，清澈的溪水里快乐的鱼儿自由自在嬉戏。掬水可饮，沁人心脾。

雷公口属于武夷山自然保护区，雷公口水库为自然保护区辖域。而野生红乌龙则生长在水库上游，武夷正脉那得天独厚的自然条件成就了天生天养的红乌龙，也成就了它那似兰的幽香，醇厚的滋味，甘甜的茶汤。尤其泡开叶底弹性十足，舒展后的古铜色，一睹倾情！

再睹倾心
——探秘砂仁坑

如果说雷公口的纳山云舍茶因保护区及水库得天独厚，砂仁坑的纳山云舍茶则因历史与地势而厚积薄发。

据记载和传述，清以及民国的茶业鼎盛时期，武夷岩茶厂几乎遍设山中三十六峰九十九岩之间，达130余家之多。民国二十年至民国二十三年（1931—1934），由于国民党军队对崇安苏区进行封锁和"围剿"，致使外地茶商、茶主无利可赚，离厂而去，茶山荒芜，茶厂颓败。

砂仁坑为当地一个山头的地名，顾名思义就是生长中药植物——砂仁的山冈。砂仁坑平均海拔700米，最适宜茶树生发。

清晨五点半迎着晶亮的露珠，往晨雾缭绕的砂仁坑行进。

似路非路、曲曲折折、郁郁葱葱，此路只有砂仁坑茶山人来往，人迹罕至。

山涧旁可见民国时期留下的茶山栽茶、制茶的遗迹，纳山人将杂草拔除后，百年古茶树焕发新生。

水仙茶树与砂仁相依偎。

日头出来，砂仁坑的山腰秀色在眼前如梦似幻，真羡慕这里的植物、动物！

这样的茶山，你能分辨出茶树吗？纳山人到底有怎样的情怀？

山场除虫唯一工具为黄色粘板。

砂仁坑极好地诠释了——绿水青山就是金山银山！

土壤是茶叶生长的基础。砂石壤土的水、肥、气、势比较丰富协调。图中肉桂已栽植五年，真是"慢生长"，天生天养而天成，这样的品质真是可遇不可求！

参天大树永相随，树缠藤，藤缠树，藤树相生。

啜一口砂仁坑肉桂茶汤，韵味悠长，辛劳顿消。感恩纳山人的坚守，正因如此，在连续两年双盲评比中屡获金奖、茶王奖，实至名归！

雷公口寻茶之旅
——解锁野生红乌龙的滋味密码

  端午连日少见的暴雨，蕉溪咆哮，路上有几处塌方也阻挡不了我们的寻茶之旅。驱车一路向前——雷公口，山路弯曲狭长崎岖，一侧是雾雨迷蒙望不见底的沟壑，一侧是杂草丛生、布满苔藓的岩石。

  穿行期间，山林特有的气息迎面而来，微妙而鲜明！这更让我对雷公口深山的野茶充满期待，在这样的环境，山泉、竹林、苔藓、雨露，各种滋味杂陈，那茶水会是怎样的味道！

  翻过几座山，我们被轰隆隆的响声指引着，声音由远及近。透过车窗，诗仙笔下的"飞流直下三千尺"的壮观，一览无余！

  以为到了目的地，结果纳山主人说野茶基地还远着呢，徒步还得三个多小时。

  那些不同海拔高度的野茶树零星散布，与自然融为一体，彼此

相依，从不互相嫌弃，如此的养成环境，才有了自己独特而又层次分明的果香、蜜香，余味悠长！

或许谁都没有想到，这段路会是这样奇险！雨水冲刷着山路，刚长成的毛竹也因山体滑坡斜趴在路上。几人合力清除了路障，小心翼翼地一路颠簸前行。天色渐晚，行至一座小桥，山洪水已经淹没了桥面。

当我们下车来，不由得被这侵入肺泡的滋润所迷醉，这是高海拔氧区才有的恩赐，似乎是自然万物向我们传达的天人合一的芳香。此刻，对野茶回味绵长的细微味差更是有了自己的感悟！

回到茶厂已是天黑，纳山主人兴致勃勃地向我们介绍了大红袍、红乌龙的制作方法和过程。

万物皆有灵性，纳山秉承天地之灵气，孕育了纳山茶的灵芽。以严格标准采摘茶青、精益求精的制作工艺、山泉水、合适的温度，让这些野茶香有了不同维度感受和个性标签！

其实，在当今这喧嚣的社会，能坚守生态保护的底线，用好自然的恩赐，让每一滴茶里都流淌着自然的芬芳，这才是纳山人！

云水禅心，纳山悠游

　　三五朋友在一起，与"逛"字有关的，一般都是逛街或是逛超市，与"茶"字连动的，则大多是到茶楼"吃茶去"或来家里喝茶。而我们今天将把这两个本不相关的字"捉"在一起玩，那会是一个怎样的情景呢？

　　如果理解成逛茶山，又太简单了；诗意地说，是云水禅心，纳山悠游。

　　一行人坐上车，驶往武夷山自然保护区纳山云舍的山场——砂仁坑。坐了一个多小时的车才到山场，迎接我们的周总说，到茶山还有一段路呢，你们的小车上不去。于是，改乘皮卡车，一路颠簸向大山更深处进发。

　　眼前一片开阔地，是连着的两座茶山，周总指导我们可以先上左边的茶山，到山顶后，再右转，从另一片茶山下来。

一畦畦的茶树随山形排排向上，犹如通往美好的台阶。茶树间，偶有大树耸立好似旗帜，又像是茶山的守护神。那一张张的黄牌，又是警告谁的呢？周总解释说："黄牌是用来粘虫子的粘粘纸，纳山云舍的茶树是不打农药的，是绿色生态的。我们的茶树都是用这些物理的方法来除虫害，来保证茶的品质的。"

一端详，果然上面粘了好多的虫子。

我还在感叹这黄牌警告的厉害，简、晔两姑娘欢呼着跑向了山涧旁一树开得正艳的泡桐花，满山的绿，衬得这一树亮紫的泡桐花格外艳丽迷人。透过灿烂的花朵，我把眼光投向了树干，碗口粗的树干，可以做饭甑了吗？记得小时候听父亲说过，饭甑得用桐木做，因为桐木板材特别轻，母亲端饭甑时不会太费力。正愣神着，听到桃版召唤，发现了一朵别样的花。

茶畦的山埂上，长着一株十几厘米的黄花。凑近了看还真是别致，花的主体像是多肉的石莲，那黄花是从石莲的莲瓣下开出来的。我们都没见过此花，好在手机中有识花君，对着一扫：广西过路黄。花名也独特，不知是广西路过福建留下的花种，还是福建路过广西时带来的花籽。

对此没有研究，倒是旁边绿油油的苦菜吸引了我。问周总这苦菜能吃吗？有打过除草剂吗？周总说："放心采，前两天我们工人也来采过。看，这是被掐过尖的。我们的茶山除了不打农药外，也不用除草剂和化肥。等这一季春茶采完后，就要进行人工除草了，把草堆到树根上，就是很好的绿色堆肥。用除草剂的话，农药会残留在泥土中，被茶树吸收后会影响茶的品质，所以我们坚决不用。"

听了周总一席话，我大胆采起苦菜来。

桃版说，这样呀，那我也要采些鱼腥草回去，夏天解暑好用。

祝君则在一旁不动声色地大啖野草莓，边吃边介绍说，这就是覆盆子。这也难怪，祝君跟纳山云舍渊源深，更加了解他家茶山的管理模式，可以毫无顾忌地吃。那咱还等什么，哇，好吃，酸酸甜甜的。

周总说，那边还有另一个品种的野草莓，刺藤红泡，也挺好吃的。

于是，一路沿着茶畦沟逶迤而上，或拍花识草，或采野菜草药，或吃野草莓。感觉我又回到了童年，徜徉在家乡的山野中。

不知不觉逛到山顶，一块天工大岩石赫然屹立眼前，俨然如一茶几。我们就地坐下，以大石为席，袖来缕缕清风，泡满山的生鲜茶尖，佐以山边的野橄榄，心醉神怡。

放眼眺望，茶树簇簇，远山重重。半山腰的三棵老树，以云雾缭绕的山峰为宣纸，生生把自己站成了一幅水墨丹青，我们几人成了这幅画的点缀。

说说笑笑间，口中泛起阵阵回甘，不知是野橄榄的回味还是茶青的甘美。此时的心情，与旅居山寺的小澜相同：世界那么大，城市那么挤，我也没那么想去看看了。

愿意，我，就待这，待在禅意纳山的云中，武夷山脉的绿野中。纳山之茶，天生之，天养之，天成之。站在纳山的山顶远望，"云千重，水千重，身在千重云水中"，此时，纳山茶芽就以世外仙姝的姿态临风摇曳了。

此心安处是纳山

　　周末，春风吹拂，一路绿水青山，沿着麻阳溪水溯流而上，百里绿谷，风光旖旎。

　　一个多小时后到达纳山云舍的茶厂，下车，空气中全是茶香。坐在充满茶香的屋子里，再喝上几泡茶，顿觉神清气爽。

　　天气正好，云，微微的。日光，若有若无。我们上路，去纳山的砂仁坑山场。

　　一辆小货车在山间行走，山路有深深的车辙。周总车技不错，一边驾驶一边解说。风景、植被、茶品，一一道来。过一段平路，盘山而上，来到山谷，抬头往上望，是碧绿的茶园。

　　茶园旁，几树淡紫色的桐花招引着我们，于是想起了席慕蓉的《一棵会开花的树》。那是一个女子在求一段尘缘，而我们则是在大山之中，与这几棵桐结了一段花缘，是大自然一次美丽的邂逅。这几株桐，在宁静的山谷中，在绿色的大背景下，花朵开得庄严而灿烂。

茶，一畦一畦的，环绕在山脊上，像五线谱。一棵一棵的大树点缀其中，像是五线谱上的音符。人，就在五线谱和音符之间行走，我想，我们的行走若是真能发出声音的话，会是一首田园交响曲《春之声》。

登到茶园的高处，心胸旷达。极目远望，山层层叠叠的，由近及远，颜色从深到浅：墨绿、翠绿、淡绿……一直到远处的淡淡一抹。"水是眼波横，山是眉峰聚。欲问行人去那边？眉眼盈盈处。"王观当初在春末时节送他的朋友鲍浩然，也许就是这样的景致。

山脚下，正是我们来的小路，我们刚刚唱过"袅袅炊烟，小小村落，路上一道辙"。这时的山间小路，在高处看真的是一道辙了。

吸引我们的还有许多的小花小草。一层一层的茶畦之间，生长着很多植物。叫的出名的有，鱼腥草、昭和草、鼠曲草、狗尾草、悬钩子、野甘蓝……叫不出名的，就用手机拍，"形色"软件一用，就一一出来了。于是感慨，大地厚德载物，给人类馈赠很多。

山顶的一处有大石块，周围是高大的松和楠。在大石上打坐，听风声、听鸟鸣、看云朵、看蓝天，人就仿佛可以跳出三界进入禅境。这时，来上一泡纳山云舍的茶，便是高境，是精神的升华。

大石上，可以静，也可以动。望着远处，可以抒怀、可以歌唱，甚至可以快乐的啸叫，呜哇、呜哇的声音，会传得很远很远。王维有《竹里馆》一诗：

独坐幽篁里，弹琴复长啸。
深林人不知，明月来相照。

此处，若是独坐，我想会有云来相伴的。

我被茶园另一端的一棵开满白色花朵的大树吸引，走近细看。高大的树干笔直的向上生长，花朵也集中在树的高处，聚集向上，形成

一个大大的蘑菇球，似乎是童话世界里才有。

转身，又见几棵树，瘦瘦高高的，长在茶园的山脊上，像饱读诗书的寒士，文气十足。它们的身后，是隐隐约约的一带远山。这样的景致拍入画面，就是一幅绝美的水墨画，这几棵树，就是这水墨画中的枯笔。

好一处天生天养的茶山，好一片天生天养的肉桂。

肉桂正葱茏而长，在砂仁坑中摇曳。

武夷的佳茗，多出自坑涧，有倒水坑、慧苑坑，有流香涧、悟源涧……纳山的砂仁坑，同样源自武夷之脉，然比之倒水坑、流香涧，更磅礴大气，也更旖旎多情。

山水清音，茶园秀色，凡俗的我融入这山水之中——没想到，纳山的砂仁坑，竟是此心安处！

高天之上，时常有洁白的云，在山间缥缈。想必晴光来时，花草、蓝天、茶园，又是一番景致，我又期待雨过天晴的日子了。

品纳山茗茶，得天成奇韵

—— 张弛导演一行莅临纳山云舍茶空间体验馆

11月27日晚，中国内地华语影视著名导演、编剧张弛，著名作曲家刘思军，中国内地男演员、导演、制片人尚城君，纪录片导演、电影摄影师汪士卿，新锐电影导演、编剧易寒及北京中医药大学附属厦门中医院副院长陈联发等人，莅临纳山云舍茶空间体验馆。

纳山云舍祥店店负责人李杜热情接待了张弛导演一行，并以纳山云舍天成系列产品盛情款待，以表对尊贵来宾的欢迎。

张弛导演毕业于中央戏剧学院，是华语影视导演、编剧，曾获第26届中国电影金鸡奖最佳编剧奖，第25届波哥大国际电影节最佳导演奖，第8届马拉喀什国际电影节评委会大奖等奖项。

张弛导演一行品鉴过纳山云舍的茶品后，啧啧称叹，表示纳山的茶很干净，纯正，有真正原始大自然的味道，不愧是天生天养的生态好茶。

张弛导演尤其喜欢朱子壹号，"朱子壹号"取名缘于朱子儒茶文化。纳山云舍创始人朱旭，是朱子嫡系第二十六代孙，儒学传家又兼通医学，理学、医学、茶学相通，承朱子"以茶修德、以茶交友"的思想精髓，以儒学之德，创立武夷正脉"纳山云舍"茶业，天生天养，自然养护，科学制茶。创制岩茶上品——"朱子壹号"。

"朱子壹号"原料采自武夷山国家森林公园内砂仁坑山场，纬度为30°左右，土壤是酸性岩石风化而成的烂石紫色砂砾岩，垒石砌梯，形成独特稀缺的小气候，生态完整极适肉桂的生长，采春季三叶小开面采用传统制作工艺制成茶品具有辛锐的桂皮香，岩韵明显。

"朱子壹号"干茶条索紧实，色泽灰褐乌润，匀整洁净；香气浓郁，品质辛锐似桂皮香；汤色橙红，洁净明亮，醇厚甘爽。一品岩韵初显，醇润柔滑，辛辣刺激的桂皮香，杯盖花蜜悠扬。饱满醇厚，香气高扬，桂皮香花蜜香一起显现。香醇饱满，厚重浓郁，生津迅猛持久，喉韵显现，仿若借由一泡茶的机缘，走进了武夷山的碧水丹山。

担任数字电影《婚礼告急》制片人、主演数字电影《三变》、执导并主演电影《全民大编剧》、参演的古装轻喜剧《成化十四年》等作品的尚城君，提到他本是喜欢喝咖啡的，品鉴交流过纳山云舍的茶后，对茶和朱子儒茶文化产生了浓厚的兴趣。

纳山云舍茶，源于武夷正脉，是自然野生、天生天养之茶；制茶者医者仁心，秉持制"最干净的茶"，这一理念为纳山云舍茶的发展方向提供最良好的奠基，也让茶充满了魅力与人情味。

观茶色，闻茶香，品茶汤，结善缘。张弛导演结缘纳山云舍茶，品茶品味品人生。愿更多的有缘人以茶为媒、以茶行道、以茶雅志。品纳山茗茶，得天成奇韵，聚天下高朋，会天下胜友！

纳
山
游

　　从朋友处初闻"纳山"一名，就一直颇为好奇，总觉得别有一种莫名的亲切熟稔。料定其名必有出自，遂向朋友讨解悬疑。果不其然，看似寻常的名堂，字里行间却大有内里乾坤。

　　问了朋友，只说在武夷山国家级重点自然保护区核心带，至于产的是红乌白绿什么茶，属哪坑哪涧哪窠哪洞哪岩全都不得而知。这山究竟何方神圣到底什么来头，却是茫茫渺渺好一个云深不知处，倒是一下子勾起了我考据的勃勃兴致。细问一番后才知，开山之主竟是宋时大儒朱子的二十六代嫡后，亦是当今有名医家朱旭先生。

　　早在2005年，这位朱子后人就与武夷山国家级重点自然保护区内一处抛荒的茶园结下了不解之缘。也就是从那时起，世间始有"纳山"。如果不是恰好是一个闽南人，我可能不会恍然大悟到"纳山"的"纳"（在闽南话里的发音约略类似"赖"）是"内、里"的意思。"纳山"就是"内山""里山"，很里面的山，自然就是深山了。

　　就像红茶里的"正山"和"拉普山"。如果由不知晓方言的人解释来龙去脉，你是无论如何都摸不着头脑的：此山名何出？所在何处？如何前往？时间回到四百年前，古早时的武夷山水土气候和现在差不多，每年产茶的四五月间雨水较多。桐木村的茶农用简便的方法将茶叶萎凋后，燃起松枝生烟以干燥茶叶。如果不知道"松熏"的福建方言发音就是"拉普山"，你一定会以为是武夷茶漂洋过海，在外国的洋山头落地生根开枝散叶一脉新成。

　　一如岩茶，以景区内和周边分野出正岩茶与外山茶。漂洋过海美"茗"扬的拉普山小种，身怀独家松香惊艳了维多利亚，征服了绅士淑女，最终氤氲出优雅的英式下午茶文化。自然而然地，武夷山以外的地区也争相生产（又称外山小种、烟小种），人们遂将武夷山生产的拉普山小种称为"正山小种"。这样看来，"纳山"可以说是"正山"的子集，包含在"正山"的地理位置意义范畴之中。正山之内，别有纳山。我想这应该正是"纳山"的"纳"字之中的义理纯机。

　　朱旭先生家学渊源深厚，取这"纳山"一名与儒家内圣之道一脉神合。儒与道，本是博大精深兼容并蓄中国文化的一枝两桠，就如红茶和乌龙茶以武夷山为共同祖庭。两宋以降，儒道与释三教合流，理学遂兴。朱熹继孔孟续韩愈，融二程与北宋五子，出入佛老且博采百家，而后返求诸六经，将宋代理学推上了一个巅峰。

　　那个经济文化登峰造极，茶道之盛跨绝百代的宋，为朱熹71年的人生摊开画卷。他把40余年的笔墨，都晕染在了这一片土地上。一代宗师，半生闽北。他著书立说、办学授徒，武夷山成为有着"道南理窟"之誉的文化名山，矗立在中国文化的历史长河之畔与孔孟之泰山遥相对望。朱熹常假茶事明伦修德寓道穷理，为后世留下无数文人茶的名篇美谈。晚年为友题匾赋诗的落款"茶仙"，成为他生平最后一个笔名。正道是：一生爱茶成朱子，茗垂青史以人传。朱熹的斐然成就和烁今功名，武夷茶居功至伟。

当然了，茶仙也不吝将"中庸之为德"这样儒士奉为至上的顶誉赋予建茶，也就是今世乌龙茶的前身。茶史可考乌龙茶始创于明清源起在闽南，至于"乌龙"一名究竟是从地名、人名还是从成茶形状而来则众说纷纭。如果不是那位皮肤黝黑名字发音"龙"的安溪人，在采茶归来的半路追猎山獐，一路颠簸到家的茶篓又因忘炒茶青而搁置过夜，乌龙茶的"摇青"和"凉青"这两道关键工艺也就无从发现。

白瓷与乌龙最是相宜。将干茶叶投置盖碗中，骰子般摇几下可听得叮当作响，悦耳声有如大珠小珠落玉盘。突然想到闽南话将人体表的磕碰撞伤唤作"乌青"，脑海中茶青在竹箩里簸簸摇荡的画面可是生动极了。沿着这条羊肠蹊径，曲径通幽的茶道不觉竟有几分豁然开朗。

　　"来，吃茶。"朋友轻轻一推说道。茶船上承着刚斟八分满的茶杯，一阵茶香挟着耳熟的乡音词语和骨瓷的温烫，暖烘烘地透过茶案边袅袅的线香沁入心脾。闽南人家的客厅一定不能少的是一张茶几，三五茶具。人客进门落座，主人招呼第一句一定是——来，吃茶。厝边头尾都将茶唤作"茶米"，在人们看来蜷成粒状的乌龙茶叶是一日三餐饭后须臾不离之物，也只有"吃"这个道在平常的动词，才配得上"民以食为天"的礼数。

　　吃茶不比鉴评品茗，没有什么章程流程，大抵是沿着闻香、观色和呷味的自然顺序。琥珀透红的茶汤玲珑剔透，乌龙兼有绿茶的清冽香甜与红茶之浓甘厚韵，此正是朱子所鉴中庸之德。一杯入口，吻喉生津。如果这时候闭目咂舌，那一定是老道茶客。好茶唇齿间，寂寂默无言。我还是说了句："嗯，这泡茶有点特别"。"这是朱旭先生以传统红茶技艺为基础，结合乌龙茶的摇青工艺虔心敬制而成。"朋友似乎早就等着我启齿而问。"哦，那它算是红茶还是乌龙茶？"我更加好奇了。"红乌龙。"朋友点开手机相册与我，持杯小嘬一口眯起眼来，思绪回到了前些时候进山之旅。

　　远远看去，海拔八百米高的砂仁坑闲云野雾缭绕徊荡。闽南茶农将这种情景称为茶树"吃茫"，可以说非常的生动形象。海拔高的地方，气压和温度低。茶树新稍缓慢生长，昼夜温差悬殊也更利于茶叶内质积累。水分充沛湿度大的环境，利于耐荫喜温湿的茶树生长。云雾使得日照短而紫外线少红黄漫射光多，利于叶绿素、含氮物和香气等物质形成。因为吸收营养的根部无法毛细作用，茶树不断生长糖类化合物缩合困难，顶端细胞浓度变高，最后茶叶中的纤维素不易形成，但氨基酸含量增高，茶叶表皮持嫩度高不易老化，泡出的茶汤滋味自然鲜爽浓郁。

在东篱下新采了一朵野菊，陶渊明的心头悠然见出了一座南山。我想，朱旭先生的纳山也一定有着"世外桃源"那般的图景——林立的高大野生乔木散射着天光，谷地的土砂仁正怒放着细碎的小花。高高的茶垄上，一畦畦茶在非沙非土的砂砾石上簇拥着，在砂仁花香气熏陶下错落生长。

四周的枫树林郁郁葱葱，它们是纳山深处的秘密。于虫子们而言，枫叶的香甜是忘我的，美味更甚于茶叶。所以，有枫树的地方，附近的茶树就一定不长虫。简简单单，自自然然。无为不争，顺其自然。相安和谐，皆大欢喜。此情此景，甚是美矣。是啊，本来应无一物却又是何处惹上这多尘埃？那些表格项目繁多，名称密密麻麻让人看了头昏眼花的各种检测报告，难道不都是当今世人的无奈和天地造化的无语？

神往而游一番，我才明白为什么"纳山"这个名字念在口中总觉既亲切又熟稔。那一缕悠悠茶文化历史的浓浓乡音里，有溪涧山泉边依稀的虫鸣鸟叫，有密林云谷间山岚的回响……纳山自不语，驻足人无言。透过恣意的繁枝野叶，抬望间天光倾泻如洗，不由云脚翩翩思绪万千——何妨一袭蓑衣纳履，来去归园田居。那距云雾愈近离繁华越远之所在，却是都市钢筋丛林里的原住民们神往的诗和远方。也许，大概。偏荒野僻，才恰是这寸土一方之"市"外茶园当自具足的四谛。

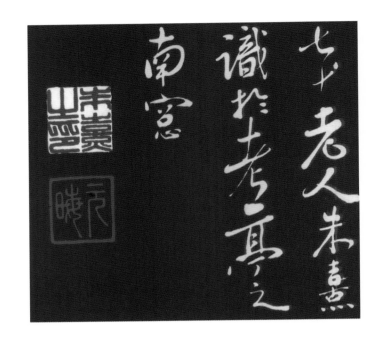

书法大师王其林莅临纳山云舍：
一杯清茶伴墨香

品茶悟禅韵，狂书落墨香。

中国书法学术研究院常务副院长、中国书法学术报副主编王其林大师莅临筼笃湖畔的纳山云舍，在品味天生天养的武夷野茶后，大为惊艳，于是挥毫为制造野茶的纳山云舍溪云谷茶场题字。

王其林，字麒麟，号无闲山人，斋号麒麟斋。云南扎西人，红军长征扎西碑林发起人兼策划实施者。

王其林拜云南书坛前辈、著名的书法家尚文为师，还得到了启功、沈鹏、欧阳中石、何伯群等书法名家亲授。苦修书法十余载，王其林行千里路，读万卷书，遍访名师前辈，博采众家之长，形成了自己的独特书风，品读他的书法作品，透过那些满纸烟云，让人看到一种既坚守传统又寻求突变的潇洒和自信。

清风高洁，云山风度。

王其林大师所品味的纳山野茶，是武夷山自然保护区深处的正脉野茶，汲天地之灵气、日月之精华野生野长。

珍稀之物都生长缓慢，百年之茶树也只有一米多高。

用这种大自然赐予的臻品制成茶叶，其茶叶片主脉显、叶脉沉，叶肉柔韧，所出的茶汤醇厚，香气高长，岩韵、蜜香、花果芬芳天然融合。

纳之魂，古茶树。

一株长在武夷保护区深处，1 200米高山岩缝之中的古茶树，树高约5米，树龄估算在五百年以上。此树为纳山云舍上百株野茶树中的精华，也是纳山人秉承"天生天养"精神的魂之所在。

敬斋箴

正其衣冠，尊其瞻视，潜心以居，对越上帝。足容必重，手容必恭，择地而蹈，折旋蚁封。出门如宾，承事如祭，战战兢兢，罔敢或易。守口如瓶，防意如城，洞洞属属，罔敢或轻。不东以西，不南以北，当事而存，靡他其适。弗贰以二，弗参以三，惟心惟一，万变是监。从事于斯，是曰持敬，动静无违，表里交正。须臾有间，私欲万端，不火而热，不冰而寒。毫厘有差，天壤易处，三纲既沦，九法亦斁。於乎小子，念哉敬哉，墨卿司戒，敢告灵台。

永乐十六年仲冬至日翰林学士云间沈度书

与国际书画艺术大师汪文孝有约

汪文孝，福建人，参加国内、国际书诗画大展赛，先后获得特等奖14次，一等奖16次，金奖45次，银奖8次，最高荣誉奖，金樱花奖，国际文艺特别贡献奖等38次。作品曾在中国及法国、英国、日本、加拿大等十多个国家和地区参展获奖并被收藏。

现任国家一级诗书画家、中国国家书画院副院长、中国书画学会副主席、中国国际艺术网终身艺术顾问、台北故宫书画院名誉院长、日本东京中国书画院特聘高级院士、中法文化艺术交流研究会国际会员等。

　　文孝老师艺德高尚、作品杰出，其实绩分别被编入《人民画报》大型文献专辑、《中华功勋人物大典（当代卷）》《世界人物辞海（第四卷）》《世界华人成就博览（第一卷）》《中国知名专家学者辞典（第四卷）》《世界文艺博览——书画》《中华诗书画人物年鉴1949—2009》《中国书法全集（全十卷）》等上百部书刊典籍。被授"共和国杰出艺术家""世界教科文组织大不列颠百科艺术家"荣誉勋章、"世纪德艺双馨艺术家""十八大文艺代表人物""中华爱国英才""世界艺术大师""国宝级艺术家"等荣誉称号。

　　书法，是中国艺术中最古老、最传统的门类之一。在古代，书法艺术甚至超越同时期的绘画、舞蹈、音乐等，成为最高雅的艺术。今天，汪文孝大师给我们带来了精彩绝伦的书法艺术。

医者仁心
——解密纳山人的驱暑邪之道

夏至已至。

夏至是二十四节气中最早被确定的一个节气，也是一年中白昼最长的日子。

此后，开始的，是一年里最热的天气——入伏。

"三伏"的"伏"就是指"伏邪"，特指"六邪"中的"暑邪"。

夏天暑气太过，伤人致病，则为暑邪。暑邪致病，有明显的季节性，主要发生于夏至以后，立秋之前。

"三伏天"，即一年当中最热的一段时间。

> 日轮当午凝不去，万国如在洪炉中。
>
> ——王毂《苦热行》
>
> 六龙鸷不息，三伏起炎阳。
>
> 寝兴烦几案，俯仰倦帏床。
>
> ——萧纲《苦热行》

"洪炉""炎阳"的三伏天，最易得暑邪。

茶，宜驱暑邪。

盛夏酷暑。茶汤里的咖啡碱对人体控制下视丘的体温中枢的调节起着重要影响；茶中的芳香物质在挥发过程中能从人体皮肤毛孔里驱走一定的热量。

盛夏炎热，细菌易繁殖，消化道疾病多发。饮茶既可以抑制有害细菌的生长，又可以促使有益细菌增殖，提高肠道的免疫能力。

盛夏高温，流汗多，体内大量的钾盐会随着汗水的排出而丢失，新陈代谢快，丙酮酸、乳酸及二氧化碳等积蓄较多。茶叶含钾，饮茶可以补充钾盐和水分，有助于保持人体内的细胞内外正常渗透压和酸碱平衡，维持人体正常的生理代谢活动。

一壶热水，一杯纳山云舍茶，是纳山人入伏后的解暑方式，驱暑邪之道。与"以药驱暑""以灸驱暑"相比，是为简，是为雅。

纳山得天独厚的天生天养古树茶资源造就了纳山茶独特的无上清凉感，有一份来自山野的轻风味、山涧的清泉味、人世的回归味。

"夏至"已至，阳气也达到了极致。《周易》理论认为：夏属火，对应五脏的心。因此，夏至后重在养心。

纳山茶，不只是养生，亦是养心。

纳山茶，色、香、味均出于天然，无添加、无农残。

三伏起炎阳，一壶天生天养的纳山茶，带来的是与众不同的舒爽感觉。且泡且饮，散热降温、提神益思、生津利尿、消食去腻，还有，静心修性。

纳山白茶，天赐、天润、天生等，可为君消暑，静心修性。

于是，静生慧。

于是，夏安、夏美。

真山真水　茶行天下

纳　山　云　舍

纳山云舍红乌龙以"零农残"的标准，通过国家茶叶质量监督检测

纳山云舍秉承"天生天养"的理念，坚守自然生长、不施化肥、不打农药的制茶初心，致力给国人提供一泡健康干净的茶叶。本次送检样品是红乌龙，检测单位是国家茶叶质量监督检验中心，检测项目包含六六六、滴滴涕、灭多威等25项农残检测，检验结果是全部项目未检出农残成分，其检测标准多项高于国家标准的100～200倍，这也再次印证了纳山人坚守原生态的制茶初心。

检测报告中列明了国家的检测标准，以及本次国家茶叶质量监督检验中心的检测极限值，纳山云舍的红乌龙样品的检测结果没有农残，符合LOD标准（LOD：即某方法可检测的最小浓度，小于LOD值就是说未检测出该成分，LOD为该检测项

目的极限检测值），自然保护区的山场，加上纳山人坚持不施化肥、不打农药，精心制作的茶叶，是名副其实的安全的健康茶。

纳山云舍红乌龙专家审评意见

应厦门纳山云舍茶文化传播有限公司邀请，专家组一行对该公司红乌龙生产进行了实地考察与品质鉴定。

该公司茶园基地零星分布于武夷山国家级自然保护区核心带，山高，四周林木茂密，空气清新，水质清澈，土壤疏松，有机质含量高，自给肥力好，生态条件极佳。坚持传统管理，不施化肥，不打农药，全人工割草，有机栽培；生产加工车间宽敞明亮，机具洁净，管理有序，现场成品库随机抽取红乌龙样品进行品质鉴定，意见如下。

一、外形

条索紧结、匀称，乌润有光泽。

二、内质

（1）香气既具乌龙茶似兰的幽香，又带红茶之绵柔的果蜜香，持久宜人。

（2）滋味醇厚、鲜爽，水中带甜，回甘快捷持久。

（3）汤色橙红色，清澈明亮，金圈明显。

（4）叶底柔软有弹性，既有红茶的古铜色，又带有武夷山岩茶的棕褐色，相衬相托。

我们一致认为此款高山红乌龙，原料原生态，生产加工技术老到，品质上乘，具有独特的风格。鉴定专家：

农业农村部专家组专家、中国农业出版社编审：穆祥桐

福建省茶叶专家审评委员会委员、高级工程师、茶叶高级

考评员：叶兴谓

　　福建省农业厅教授、高级评茶师、省茶叶专家委员会委员副主任：徐茹风

　　高级工程师、高级评茶师、省茶叶专家委员会委员：陈忠兴

　　国家茶叶标准委员会委员、高级评茶师：祖耕荣

　　高级工程师、高级评茶师、建阳茶叶协会顾问：吴科

　　厦门海洋学院副研究员、高级评茶师：徐庆生

2018 年 7 月 13 日

"茶王"大奖花落纳山云舍

经过激烈的角逐，由纳山云舍茶厂（武夷山溪云谷茶厂）选送的珍品"云谷留香"最终拔得头筹，获得了厦门市茶业商会2017秋季"夏商茶世界杯"茶王争霸赛中武夷岩茶品类"茶王"的殊荣！

此次茶王赛邀请业界知名专家作为评审，总商会的领导和其他兄弟商协会的领导出席，且有中国网、中国食品安全报、福建日报、海西晨报、市场信息报、新浪网、小鱼网、台海网等多家媒体共同监督，确保大赛公平、公正、公开。

此外，斗茶现场布置有来宾斗茶体验区，并设有茶席供几百人同时品茗，共同见证茶王诞生的全过程。

11月25日，经过专家们一天的细致审评，下午6时所有奖项现场公布。

制茶大师周志雄

此次获奖的"云谷留香"出自溪云谷茶厂制茶大师周志雄之手。

周志雄，自幼跟随老一代武夷山茶师的爷爷，耳濡目染，爱茶、懂茶，对茶有一份独特的灵性。家乡人都说，这个孩子如果不做茶就可惜了。周志雄毕业后也做过其他工作，但最终抑制不住那份对茶的热爱，十来年前回归了从小梦想的行业，成为一名制茶师。和一些人不同，周志雄并非把制茶当一个谋生的职业，而是当成实现梦想的事业，因此，他对制茶有着独特的理解。

"严格"是身边人给周志雄贴上的标签。从选材、采摘，到运输，再到制茶，周志雄都亲自抓起，按自己的要求独创标准流程，每个细节都一丝不苟。

周志雄说，本次"云谷留香"能艳压群芳，首因在于严格甄选上好的原料——来自砂仁坑的野茶。

天生天养的高山野茶基地，肥沃的紫砂砾岩土壤。

常年云雾缭绕日照少，独特的小山场气候适宜茶树生长。

最后精心挑选出其中叶片肥厚、叶脉沉、色泽佳的茶叶进行制作。

原料选得好，采摘也是不容小觑的工作。周志雄发明了用小剪刀采茶的方法，所有采茶人员一手轻握茶叶，一手用小剪刀小心将茶叶剪下，严格保证"三叶"采摘、制作，杜绝指甲、蛮力等伤害茶叶的情况，让每一片原茶都健康、饱满。更严苛的是，为了最大程度保证茶叶新鲜，周志雄要求，采茶时每一小时就必须从山上运送一次茶叶回茶场，不许积压。这样，人工成本大约比寻常采茶高出两倍，但制出来茶叶的口感，也大大提高了。

当别人让周志雄介绍获奖心得时，质朴的周志雄总是谦虚地说，也没什么特别的秘技，就是"因为热爱，所以认真"。

可正是因为周志雄严格、认真的工匠精神，加上纳山云舍野茶基地得天独厚的自然环境，才能做出"茶王"级的臻品。

高处不胜寒，却有暗香盈袖。

打开茶盖，一股浓郁的茶香和着水雾氤氲扑面而来，令人闻之心旷神怡，闭眼感悟，不禁神游太虚。可知否，如此芬芳的香气，来自那高高的山岗上。

古往今来，我国的历代贡茶、传统茶，以及当代新创制的名茶，优质茶等，大多出自高山。高山之所以出好茶，是优越的生态环境造就的，而其中最重要的是，高山营造了适合茶树生长的气候。

茶王的秘密之：高海拔改变气温

通常海拔每升高100米，气温便降低0.5℃。而温度决定着茶树中酶的活性，进而又影响到茶叶化学物质的转化和积累，例如氨基酸随着海拔高度的提高而增加，这就为茶叶滋味的鲜爽甘醇提供物质基础。另外，茶叶中的不少芳香物质也随着海拔高度的提高而增加。这些香型物质，会在茶叶制造加工过程中经过复杂的化学变化，产生香味，如沉香醇能形成玉兰香，苯丙醇能形成水仙香等。许多高山茶之所以具有某些特殊的香气，其道理就在于此。

据山上的茶农大哥说，就算夏天，在纳山云舍野茶基地除草时都要穿一件长袖，才能抵御山中的寒气。除草是件辛苦的工作，但是劳作环境却很不错，山场遍地野茶，空气中都弥漫着淡淡的幽香。高处不胜寒，却有暗香盈袖。

茶王的秘密之：高海拔改变降水

通常情况下，高山的雨量是随着海拔高度的提高而增加的。茶树在水分充足的情况下，光合作用形成的糖类化合物聚合发生困难，纤维素不易形成，可使茶叶原料鲜叶在较长时期内保持鲜嫩而不粗老。同时，充沛的雨水还能促进茶树的氮代谢，使鲜叶中的全氮量和氨基酸提高。所有这些，对保持茶叶嫩度和提高茶叶滋味是有利的。

纳山山场旁的泉水清冽见底，当地人说，这是可以直接饮用的水源，被当地人视若珍宝。可以想象，野茶树在这样泉水的浸润下，抽芽吐叶，恣意生长。

茶王的秘密之：高海拔改变光照

生长在高山的茶树与平地相比，由于湿度和雾珠的增多，使红橙黄绿青蓝紫七种可见光中的红黄光得到增强，而红黄光有利于增加茶叶叶绿素和氨基酸的含量，这对提高茶叶的色泽和滋味是不可缺少的物质。

纳山茶叶片主脉显，叶脉沉，叶肉柔韧，内质丰富，茶汤醇厚，香气高长，甘甜鲜爽，岩韵，蜜香，花果芬芳天然融合——好一片绝顶好茶叶！

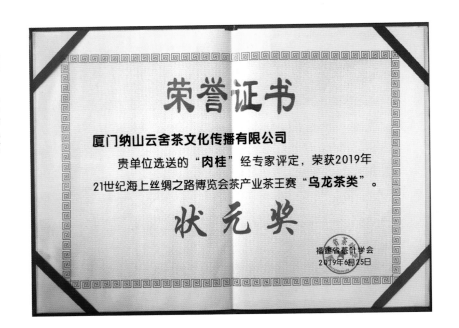

纳山云舍茶
——艳压群芳、独占鳌头

在21世纪海上丝绸之路博览会茶王赛中，纳山云舍茶文化传播有限公司选送的红乌龙艳压群芳，获金奖；选送的肉桂独占鳌头，夺得状元。

"涨落平溪水见沙，绿阴两岸市人家"，祥和的夏至刚过，近日，纳山云舍收到来自福建省茶叶学会的荣誉证书。正是人间初夏，小满天气。

小　满

江南沃野过插秧，江北麦麸便灌浆。
西子湖边人好客，茶商宴过款丝商。

款款南风，茶商云集。

由福建省人民政府、国务院台湾事务办公室、中国国际贸易促进委员会主办的第21届"5·18海交会"2019年5月18日至5月22日在福州海峡国际会展中心举办。

福州市人民政府与福建省茶叶学会依托"5·18海交会"平台举办首届海丝茶产业精品博览会。这是一次集展销、洽谈、研讨、品牌宣传、文化交流、茶艺展示等形式于一体的高规格、高标准、高品位、高影响力的茶产业盛会；这是一次集中为各大茶企业量身打造的国际级推广交流的平台。

21世纪海上丝绸之路博览会组委会与福建省茶叶学会共同携手，举办茶王赛。

本次茶王赛经过专家评委的双盲审评，纳山云舍选送的红乌龙和肉桂两款产品，过关斩将，均拔得头筹。

荣誉源自实力，来自武夷正脉、天生天养的"天时"与"地利"的实力；来自天成天造的制茶人的"人和"实力。

纳山云舍的山场是武夷正脉之地，是国家级自然保护区，是闽江之源，是砂岩之地；有云端之雾，有纯净之水，有如天籁之风吹拂。茶叶与竹木、果树、鲜花、菌蕈伴生，与兔、麂、刺猬为伍。纳山人信奉"天生天养"，顺应天地，自然生长，不施化肥、不施农药，人工除草，人工摘，以文火慢焙，顺应茶之本性烘焙出令人惊艳且回味无穷的纳山茶品。

——山场为武夷正脉。

——茶丛为天生天养。

——制茶为天成天造。

厦门纳山云舍茶文化传播有限公司以武夷山场为依托，精制茶叶，制出以武夷岩茶及红茶为代表的十余种精茶，对接天生、天养的山场；实现天成、天造的制茶；形成一条天然纯净的现代化产业链。确保"舌尖上的安全""心灵上的归依"是纳山云舍的宗旨。纳山云舍茶文化传播有限公司是根植传统，面向现代，有强烈儒家情怀和农耕情怀的现代企业。

　　纳山云舍的主人是宋代著名思想家、理学家、教育家、诗人朱子的第二十六代孙——朱旭。他承家传之儒学，秉医者之仁心，复兴朱子茶文化之路——做武夷山最干净的茶。

　　朱旭先生致力于"以茶修德、以茶明伦、以茶寓道、以茶穷理、以茶交友"，他的厦门纳山云舍茶文化传播有限公司在白鹭州创立了雅致古朴的茶舍。那是一幢近三百平方米的风情别墅，茶室，古色古香；户外小院落，私密清幽；观景大厅，

敞亮通透；文化走廊，意蕴绵长；花园，充满逸趣；还有可容纳四十人的多功能中式会议室。戎马之余，不妨放马南山，来这，品茗、论道、雅集、静神……

本次获奖茶为制茶师周志雄所制。

周志雄，有山野之气，自有卓尔不群之姿。自幼山中成长，跟随老一代武夷山茶师的爷爷喝茶品茶。于是，山中的孩子开始爱茶、懂茶、敬茶。

终于，毕业后，他辗转几个工作岗位后回归了，他无法忘却那儿时味蕾的记忆，无法忘却那份对茶的挚爱。

他是制茶师，更是爱茶人。

他把感情融到山场，融到茶丛，融到茶叶中去。

他常常巡山，听着茶叶生长的声音。而后，精心选材、认真采摘、细心运送、全心制茶……每个细节都一丝不苟。

"因为爱，所以爱"，工匠精神与执着之情，辅之以纳山云舍野茶基地得天独厚的自然环境，佐之以朱旭先生的儒者情怀，终于，臻品茶王闪亮登场。

纳山之茶，天生天养，天成天造，不仅仅是味蕾体验，不仅仅是健康饮品，更是匠者之心，仁者之情！

年年春自东南来，东南纳山有好茶

宋朝的春天，是从古建州开始的。

古建州是茶的故乡。

宋代的春天，建州茶首先进入汴梁，进入皇室。

古建州的百姓制出好茶后，为了体现自家技艺，他们斗茶。

虽然斗茶始于民间，然而，很快成了风靡一时的雅玩。

从茶民或制茶者到茶商，从民间到皇宫，从百姓到文人雅士，几乎是各个阶层都爱玩斗茶。

古建州的浦城，北宋时有一位叫章岷的，和范仲淹是同事。

章岷，熟知故乡的山水，更喜欢故乡的好茶，写了一首长长的《斗茶歌》。

章岷的同事范仲淹根据《斗茶歌》的韵，唱和一首。

　　范仲淹有大胸怀，"军中有一韩，西夏心胆寒；军中有一范，西夏惊破胆"，所谓"军中有一范"的"范"就是"范仲淹"。范仲淹的"先天下之忧而忧，后天下之乐而乐"为世人所耳熟能详。戎马倥偬，从政为官，范仲淹留下的茶诗不多，仅两首，其中一首便是《和章岷从事斗茶歌》。

　　诗的第一句就是——年年春自东南来。

和章岷从事斗茶歌

年年春自东南来，建溪先暖冰微开。

溪边奇茗冠天下，武夷仙人从古栽。

新雷昨夜发何处，家家嬉笑穿云去。

露芽错落一番荣，缀玉含珠散嘉树。

终朝采掇未盈襜，唯求精粹不敢贪。

研膏焙乳有雅制，方中圭分圆中蟾。

北苑将期献天子，林下贤豪先斗美。

鼎磨云外首山铜，瓶携江上中泠水。

黄金碾畔绿尘飞，碧玉瓯心翠涛起。

斗茶味兮轻醍醐，斗茶香兮薄兰芷。

其间品第胡能欺，十目视而十手指。

胜若登仙不可攀，输同降将无穷耻。

吁嗟天产石上英，论功不愧阶前蓂。

众人之浊我可清，千日之醉我可醒。

屈原试与招魂魄，刘伶却得闻雷霆。

卢仝敢不歌，陆羽须作经。

森然万象中，焉知无茶星。

商山丈人休茹芝，首阳先生休采薇。

长安酒价减千万，成都药市无光辉。

不如仙山一啜好，泠然便欲乘风飞。

君莫羡花间女郎只斗草，赢得珠玑满斗归。

斗茶又叫"茗战"，源于唐代，兴于宋代。据《茶录》记载，斗茶之风正是起源于贡茶之地建州。

建州的茶，是可以"斗"的，斗出精品，斗出极品。

纳山云舍的茶，来自古建州，源自武夷正脉，天生天养；纳山云舍的制茶人朱旭，是古建州理学大儒朱子后人，医学专家。

千年辗转，纳山云舍茶，依然在当代的斗茶——茶王赛中屡获桂冠。

茶王——云谷留香

"纳山云舍——云谷留香"荣获厦门市茶业商会2017秋季夏商茶世界杯茶王争霸赛"武夷岩茶类"茶王奖！

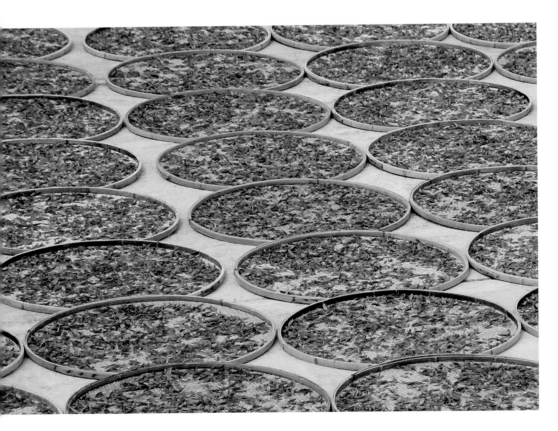

状元——肉桂

"纳山云舍——肉桂"荣获2019年21世纪海上丝绸之路博览会茶产业茶王赛"乌龙茶类"状元奖！

金奖——红乌龙

"纳山云舍——红乌龙"荣获2019年21世纪海上丝绸之路博览会茶产业茶王赛"乌龙茶类"金奖！

好茶不需言说。

是斯山，是斯水，是斯文，是斯人！

春天来了，品一杯纳山香茗，于是，就有了——"年年春自东南来"的诗情与雅韵。

纳山云舍茶：不变的，是尊贵

晚唐五代的徐夤，是文学家，以辞赋知名，后人将他与王棨、黄
滔并称晚唐律赋三大家。他曾作过一首《尚书惠蜡面茶》。此诗被认为
是武夷茶文化史上最早的咏茶诗。

诗云：

武夷春暖月初圆，采摘新芽献地仙。
飞鹊印成香蜡片，啼猿溪走木兰船。
金槽和碾沉香末，冰碗轻涵翠缕烟。
分赠恩深知最异，晚铛宜煮北山泉。

一首七言律诗，短短56字，却从采茶开始，一直写到喝茶。最简

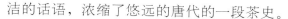

洁的话语，浓缩了悠远的唐代的一段茶史。

且说采茶。那是"武夷春暖"的时光，阳春三月；"月初圆"，则指三月十五以后的日子。清明后，谷雨前——采茶的时间节点，千年不变。

茶叶采摘后，制成蜡面茶。

史载，唐朝时，武夷岩茶以研膏茶的形式出现。唐贞元年间（785—805），常衮担任建州刺史时，"蒸焙武夷岩茶而研之，谓之研膏茶"。随着制茶技艺的发展，研膏茶发展为蜡面茶。蜡面茶极为尊贵，加工极为精致考究，茶饼不足一两而价值千金，为皇上所喜爱。蜡面茶会印有象征喜庆的喜鹊之类的图案。

除了进贡皇上，武夷茶已作为高贵的馈赠品。

茶制好后，通过水路，沿着建溪运送出去。

而运输的工具是"木兰船"。古代，木兰船是比较常见的交通工具。像南朝的刘孝威《采莲曲》即有句"金桨木兰船，戏采江南莲"；唐朝的贾岛《和韩吏部泛南溪》也写道"木兰船共山人上，月映渡头零落云"。

"金槽和碾沉香末"，写的是茶叶从饼茶——"香蜡片"经过炙、捣后碾、罗成茶末的过程。如果用磨碾，颗粒较大，比较粗糙。徐夤用的是金槽，像药铺里碾中药的方式。最终，碾出细腻的茶末，像"沉香末"一般。沉香末既可用于佩香，也可用于药方。《普济方》中治胃反及膈气不下的药方"太仓散"就用到"沉香末"。比喻句，一般是用熟知的比喻不熟知的，以便读者理解。将"茶末"比喻成"沉香末"，意味着"沉香末"竟不如"茶末"珍贵。

喝茶用的，一样是尊贵的器具，是冰清玉润的冰碗。茶汤面上氤氲着轻淡的茶烟。喝的不仅是茶，更是享受一种由茶而营造的仪式感，强烈的静谧、祥和的氛围。

诗的尾联，徐夤表达了对赠茶者的感谢，是一种最不一般"最异"的感情。因此，要用清高的"铛"，要用上好的"北山泉"来煮茶才配得上赠茶者的恩情。姚合的《送狄兼谟下第归故山》诗中说"爱花高酒户，煮药污茶铛"，可见"铛"一样是高贵的烹茶器具，煮药用铛就是"污"了茶铛。唐时陆羽以为，煮茶的水，以山泉水最好，其次是江河水，井水茶。

武夷茶，从阳春三月的十五月圆月开始，就开始了尊贵的旅程，制成香蜡片，乘着木兰船，用尊贵的金槽碾成如沉香一般的粉末，再用尊贵的冰碗盛茶。朋友赠茶来，不能辜负啊！用的烹茶器是尊贵的"铛"，用的水是上好的山泉水。

纳山云舍茶，千年后，与蜡面茶一样地"尊贵"。

从莽莽的山场开始，每一片野茶芽就一定会有尊贵的去处，从采摘起，那些叶芽就享受王者般的待遇，每一茶丛，又蕴含天地之气，活泼泼，自然然的天使般——纳山云舍称之曰：武夷正脉，天生天养。

武夷正脉的纳山茶制成后，用"木兰船"袅袅地送到客户手中，那么，君，可否，不怠慢那些——纳山云舍茶。

独门秘籍

——纳山云舍红乌龙

纳山云舍山场位于古建州的武夷正脉，为古代贡茶——建茶的产区。

建茶有德。朱子说：建茶就好像中庸之德。中庸是儒家至高的道德。

纳山云舍有茶丛蕴于千年古茶道、自然保护区——是福建与江西的接壤地，是武夷山岩茶区、武夷山桐木及建阳坳头红茶区的交接带。纳山的许多山场，如在云端，云遮雾绕，酸性土壤，疏松肥沃，杂生着百年的野生老茶丛。

纳山云舍茶文化品牌创始人朱旭为朱子二十六代孙，承家传之儒学，秉医者之仁心，复兴朱子茶文化之路，执着于做武夷山最干净的茶，执着于做武夷山最有"中庸之德"的茶。

高山福地，天生天养。纳山云舍茶丛禀天地精华，汲正山灵秀，一叶一灵芽。纳山茶人萃取百年茶丛之灵芽，独辟蹊径，走"中庸"之德的创新之路，中和了红茶和岩茶之特质，潜心研究打造出纳山独有的红乌龙。红乌龙既有红茶的顺滑甘甜和山野气息，又有岩茶的岩骨花香和岩韵。

　　独门秘籍——纳山云舍红乌龙独特之处在于，制法独特、山场独特、茶丛独特、口感独特……更为重要的，精神与品质独特，以纯净的质感，中庸的道德，纳山人为有净土之心、中庸之德的中国人打造出一款最适合中国人精神特质的饮品。

　　农业农村部专家团莅临纳山云舍考察指导工作，穆祥桐编审题词：茶医一道，泽惠万民。

　　专家团高度赞誉纳山云舍红乌龙：纳山云舍红乌龙来自武夷山自然保护区内的野茶基地，以保护区野生茗丛为原料，结合乌龙茶和传统红茶工艺制作而成。纳山人以高于其他红茶数倍的成本，制作出产量低于其他红茶的臻品。干茶色泽乌润，条索壮实，洁净；干闻有浓郁野生木本香、乳香。汤色橙黄亮丽，显金圈；并兼有乌龙茶与红茶的特点，口感十分特别：既有红茶的温润醇厚，又有岩茶的岩骨花香，轻啜一口，仿佛让人置身于武夷山广阔的原始森林之中。

以纳山红乌龙，酌出一杯下午茶

中国茶销往英国的第一艘船是从厦门启航的。

巧合的是，纳山云舍公司的总部设在厦门。

康熙二十八年（1689）福建厦门出口茶叶150担，运往英国，此是中国内地茶叶直接销往英国市场之先声。

那时候的茶，是英国的皇家饮品。当时，王后凯瑟琳过生日时，英国诗人埃德蒙·沃尔特（Edmund Waller）作了一首诗献给王后。

Autumn pet flora, Jin Chang-e Laurel. Laurel and Autumn, the United States and difficult than that of tea. China and the United Kingdom for a post, one of the most Qunfang. Fu-Tung said the territory……

中文译名的诗题为《饮茶王后》，译成古体诗为：

> 花神宠秋色，嫦娥衿月桂。
> 月桂与秋色，美难与茶比。
> 一为后中英，一为群芳最。
> 物阜称东土，携来感勇士。
> 助我清明思，湛然祛烦累。
> 欣蓬事诞辰，祝寿介以此。

十年之后的1699年，运往英国的茶仍然不多，英国仅从中国订购300桶上等绿茶和80桶武夷茶，约6吨。

　　此后几十年，英国的茶叶进口量飞速攀升，跟随着飞速攀升的，还有武夷红茶。但，茶叶，仍然尊贵，普及仍然不够，当时茶叶的出售的方向是——药品。

　　茶，出现在英国，最初是神奇的药品！后来才渐渐是饮品！

　　英国人那时的饮食习惯是一天两餐，只吃早餐和晚餐。而晚餐一般要在晚上8点后。那些娇贵的公爵夫人常常在下午四五点钟吃些东西。

　　第七世贝德福德公爵夫人安娜·玛利亚·罗素则更精致，她每天都会吩咐仆人在下午4点备好一个盛有黄油、面包以及蛋糕的茶盘。很快，她享受这个美好的新习惯，会邀请另一些女士来加入其中，同享轻松惬意的午后时光。再之后，这个习惯在当时的贵族社交圈内成为风尚，逐渐普及到平民阶层。

　　终于，英国人开始为茶而疯狂。

　　"At the time,when the clock strikes four,everything stops for tea"，翻译成中文是："当时钟敲响四下，世上一切瞬间为茶停歇。"这句谚语是描述英国全民喝下午茶的情景。

　　这是"英国红茶文化"，也就是所谓的"维多利亚下午茶"。

　　这些茶，主要的产区正是武夷山的自然保护区。

　　同样巧合的是，纳山云舍的红乌龙主要产区也是武夷山自然保护区。

　　纳山云舍茶，源于武夷正脉的天生天养之茶，冬日午后，天气苦寒，于是，下午4时，以纳山红乌龙的名义，提醒工作的你，停下来，静享一段轻松惬意时光，就像英国名媛那样悠然！

茶叶抗癌指数排名，第一竟是——乌龙茶

众所周知，喝茶具有一定的抗癌效果。

那么，哪一类茶的抗癌效果最佳？媒体已曝出茶叶抗癌效果大排名：

状元：乌龙茶
榜眼：普洱茶
探花：红茶
进士：绿茶

喝茶具有一定的抗癌效果，是因为茶叶中含有抗癌物质——茶多酚。茶多酚能够很强地清除有害自由基，阻断脂质过氧化过程，

从而提高人体内酶的活性，起到抗突变、抗癌症的功效。

综合分析起来，茶叶抗癌的原因大体有五种：

第一，茶多酚中的EGCG具有抗氧化的活性。

第二，EGCG抑制对肿瘤具有促发作用的酶类的活性。这些酶类包括蛋白质激酶C、鸟氨酸脱羧酶、环氧合酶和脂氧合酶等。

第三，茶多酚可促进具抗癌活性的酶的活性。这些酶类包括过氧化氢酶、谷胱甘肽－S转移酶等。

第四，可以抵抗肿瘤增殖的活性。

第五，经常饮茶的人可以增强免疫力。

茶叶的品种不同，抗癌防癌的效果也是大相径庭的，将茶叶的抗癌防癌的功效进行排序，排在第一位是乌龙茶。

为什么是乌龙茶？乌龙茶是半发酵类的茶，半发酵类的茶比其他品种的茶叶防癌抗癌效果更加明显。

首先，半发酵类的茶叶在发酵过程中，会产生一种比较稳定的成分，比如真菌，这种真菌与冬虫夏草一样，具有防癌抗癌作用。

其次，半发酵类的茶经过半发酵的过程，转化后的二级代谢残余物中的成分也会发生作用。不发酵的茶，比如绿茶，虽然茶多酚的含量比乌龙茶多，但其天然成分进入人体后，容易被氧化或者转化为其他成分，产生的作用明显减小。

最后，全发酵的茶，比如红茶，由于发酵程度比较重，抗癌成分有可能被破坏掉，产生的作用不及乌龙茶。

既然茶叶具有一定的抗癌功效，既然乌龙茶是抗癌的状元，那么选择好的茶叶就至关重要了。

纳山云舍茶，为朱子后人朱旭所制，秉承大儒的中和之道，采摘武夷山正脉之茶芽，其茶丛天生天养，其生态纯净秀美，其乌龙茶特别是红乌龙为公司独特的产品。其文化的内涵，制作的精良，环境的良好，使纳山云舍的乌龙茶有着更为独特的保健抗癌功能。

纳山云舍野生小白茶

纳山云舍的野生小白茶

积累足够的时间来惊艳品茶客

用七年的光阴来沉淀朴实的醇味茶

——就像十八年的女儿红

用七年的光阴来沉淀道地的养生茶

——就像三十年的陈皮

建瓯的北苑

建阳的漳墩

还有政和的石屯、东平

贡眉、白毫银针、白牡丹的原产地

同样是古建州的土地

同样是武夷山脉

同样是白茶的故乡

纳山云舍野生小白茶的产地

山更高

水更远

云更白

天更蓝

纳山云遮雾罩

阳光显得珍贵

茶树显得悠然

于是

纳山云舍野生小白茶树缓慢地生长出柔软厚重的披满白毛的嫩芽

绝好的茶青

纳山云舍人追随温度、湿度、风的力度

或者日光萎凋

或者室内萎凋

或者复式萎凋

用最自然方式萎凋

依然属纳山云舍茶的制茶谱系

天生

天养

天造

白茶，不炒不揉极大程度保留了茶叶中的营养成分

再用最保守的方式贮存

"一年茶、三年药、七年宝"

纳山云舍的野生小白茶更是山中瑰宝

七年的光阴已让她

温和、醇厚

于是

她可以

滋润肺腑

养神养气

还可以

——养颜

用数据说话，茶叶那些不为人知的秘密

世界上人均茶叶消费量最大的国家和地区是土耳其，其一年的人均茶叶消费达到近7磅（约3.2千克），然后是爱尔兰、英国、俄罗斯、摩洛哥、新西兰、埃及、波兰、日本、沙特阿拉伯、南非、荷兰、澳大利亚、智利、阿联酋、德国、中国香港、乌克兰、中国……

中国在饮茶类国家——160个国家和地区，30亿茶友，人均茶叶消费量中国排第19位。

中国是茶的发源地，世界上有50多个国家和地区都种植和生产茶叶。就产量而言，排名第一的是印度，而不是中国。

今天世界上最大的茶品牌却在英国，在这个一片茶都不产的国家每年有230亿美元的茶销售额，几乎相当于我国整个茶产业（7

万家茶厂）全年产值的70%。

茶多酚可以杀死大肠杆菌，喝茶使自己成为弱碱性体质，喝茶可以降低核辐射的危害。

抗氧化试验证实，一杯茶，300毫升，它的抗氧化功能相当于一瓶半的红葡萄酒，相当于12瓶的白葡萄酒，相当于12杯啤酒，相当于4个苹果，相当于5只洋葱，相当于7杯鲜橙汁。

据日本科研人员试验结果证实，茶多酚的抗衰老效果要比维生素E强18倍。

日本昭和大学的医学研究小组，在1毫升稀释至普通茶水的1/20浓度的茶多酚溶液里放入10 000个剧毒大肠杆菌0-157，五个小时后细菌全部死亡，一个都不剩。

不需要任何节食、锻炼等手段，每天喝8～10克茶叶，12周内，仅茶叶自身作用减掉的脂肪约为3斤。在日本、欧美国家所有减肥产品里，茶叶制品排名第一。

人体几乎所有疾病都是在酸性体质的人体中产生，而几乎所有病毒在弱碱性体质中无法生存。专家称只有改变自身体质，才能预防疾病发生。生活中常见的强碱性食品为茶、葡萄、海带等。

1945年8月，日本广岛原子弹爆炸之后的数十年里，核辐射一直是个大问题，日本有关统计部门发现，癌症病发率低的人群中，茶农与饮茶成癖者占多数。

四千多篇权威部门发表的"茶叶抗癌"专题论文证明，茶多酚主要成分EGCG是几乎所有癌症的克星，特别是对子宫癌、皮肤癌、肺癌、结肠癌、前列腺癌、肝癌、肾癌、乳腺癌等有较好的预防作用。日本政府1999年启动"饮茶预防全民癌症"的两阶段计划，共调查8 522人，跟踪10年，其中癌症患者419人，有饮茶习惯的女性癌发时间比不饮茶者晚约7年，男性延迟时间为3.2年。

瑞典卡罗林斯卡医学院（KarolinskaInstitute）的研究人员对61 057名40～76岁的女性（其中301名女性确诊卵巢癌）资料进行分析，与不喝茶或很少喝茶的女性比，每天喝茶少于1杯的女性患卵巢癌的概率降低了18%，每天喝茶1～2杯的女性患卵巢癌的概率降低了24%，每天喝茶2杯以上的女性患卵巢癌的概率降低了46%左右；喝茶越多，患卵巢癌的概率越低。

新加坡国立大学的研究人员历时12年对63 257名45～75岁的新加坡华人进行跟踪调查。发现与没有喝茶习惯的人相比，经常喝红茶的中老年人患帕金森氏症的概率降低了71%。

日本进行的流行病学研究表明，每天饮茶10小杯，男性

心血管疾病发生的危险指数和每天喝少于3杯的比，可以减少42%，女性可以减少18%。喝茶可以有效防止血栓的形成，这在很大程度上降低了心脏病的发病率。茶叶中所含的抗氧化剂例如类黄酮等物质对于预防心脑血管疾病有非常大的作用。1杯茶大概含有150～200毫克的类黄酮。

白内障患者，有饮茶习惯的占28.6%，无饮茶习惯的则占71.4%。

日本富山医科药科大学的研究人员发现：1 300名糖尿病患者喝凉开水泡的茶，持续半年，82%的糖尿病患者的症状明显减轻，大约9%的糖尿病患者的血糖水平完全恢复正常。

英美科学家在《过敏与临床免疫学》杂志报告称，茶中的多酚类化合物EGCG可以有效阻止艾滋病病毒在人体内的传播，一经免疫，艾滋病病毒将没有机会靠近。

对百岁老人长寿调查中发现，有四成百岁老人长寿诀窍是一生嗜茶如命，有八成百岁老人有饮茶习惯。喝茶一分钟，可以解渴，喝茶一个小时可以休闲，喝茶一个月可以健康，喝茶一生可以长寿。根据长寿人群的调查研究资料推理，一个人一生中有喝茶习惯，往往比较长寿，而长寿年龄108岁，被长寿研究机构称为"茶寿"。

喝茶会让你莫名其妙地开心。茶中的氨基酸会促进多巴胺的大量分泌，而多巴胺是主导人体情感、愉悦感、性欲、瘾性等的物质。喝茶的愉悦感是不自主的，不受意念控制的。

一斤上好的芽茶有6万～8万个芽头。

天生天养，武夷正脉，汲天地灵气的纳山，产的不只是茶，是灵山灵水的灵茶。

纳山云舍茶
——零农残，与山水共从容

　　茶叶农残问题是食品安全问题，是全球性关注的问题。

　　随着全球经济的发展，人们消费水平的不断提高，对健康、绿色标准的要求也在稳步提升，各国对农产品特别是进口农产品的农残标准限定日益苛刻。

　　2003年，日本修改《日本食品卫生法》，在其新标准中规定121种农药项目，严格的标准使得当年中国对日本茶叶出口出现首次大滑坡。

　　2006年5月，日本《食品中残留农业化学品肯定列表制度》即"肯定列表制度"正式实施。检测标准的苛刻使我国茶叶被检出的概率极大提高，严重影响了我国对日本茶叶的出口，从而我国对日本茶叶出口出现第二次巨大滑坡。

2012年8月，日本对"肯定列表制度"中的农药残留限量做了最新的修订，修订之后标准更加苛刻。此次技术性贸易壁垒的加强，致使我国茶叶出口集约边际下降。

仅就日本而言，10年时间，3次调整农残标准，可见对农残问题的重视。

每次调整农残标准，我国的茶叶出口都出现下降的现象。

我国茶叶出口不断受到冲击的现状，与我国茶叶农药残留密切相关。

我国茶叶的生产与销售大多以个体经营为主，茶农在利益诱导下会尽量的降低成本，加之其对农药残留标准没有确切的了解，很大程度上会选择效果好、毒性高及残留高的农药，从而导致农残超标。

纳山云舍人，始终将农残问题当成茶业生存的大问题。

红乌龙样品送检。无农残，符合LOD标准。LOD：即某方法可检测的最小浓度，小于LOD值就是说未检测出该成分，LOD为该检测项目的极限检测值。

纳山云舍的山场乃武夷正脉之地，是自然保护区的山场，是闽江之源，是砂岩之地，有云端之雾，有纯净之水，有如天籁之风吹拂。

纳山云舍茶与竹木、果树、鲜花、菌蕈伴生，与兔、麂、刺猬为伍。

纳山人信奉"天生天养"，顺应天地，自然生长；坚持传统管理，不施化肥，不打农药，人工除草，人工采摘，有机栽培，匠制良心之茶、健康之茶、纯净之茶！

纳山云舍茶不只是润口润喉，而是润身润心。纳山云舍的茶与云端的纳山山水——共从容！

天好、地好、水好、茶好……都挺好

在云端的纳山云舍山场
半个春天的云遮雾绕
半个春天的韵光如许
武夷山自然保护区的山间林地
纳山云舍的野茶吐出新芽
在阔叶林、灌木林、毛竹林之间
天生的纳山云舍茶

高海拔
酸性土壤
疏松肥沃

光影斑驳
阳光散射
山涧水石激荡
茶园地气蒸腾
天养的纳山云舍茶

这是茶的净土国
山中奇茗
百年老树
清明前后
茶工上山
一芽一叶
一芽二叶
一芽三叶
最多也只能一芽三叶
一天，最优秀的茶工

最娴熟的采摘技术
以一芽二叶计
采摘量不超过 7 斤的
——茶青

纳山云舍的茶青
静静地等风来
昨夜东风
今夜和风
茶叶萎凋
渐至暗绿

揉捻
揉捻出均匀的条索
静置在湿布的筐中
依然等风来
东风袅袅
发酵
需要时间
时间是最好的调味师

火升起来了
文火
时间依然扮演着调味师的角色——
然后
天生
天养
天造
纳山云舍红茶惊艳出场了

他引领茶界新风尚，诠释了什么是"纯净茶"，多家报社专访报道……

　　古语云：酒香不怕巷子深。在这个讲究效益和追求功利的时代，一切都以金钱利益作为衡量标准，多少商家习惯了虚假宣传质不配位，甚至放弃道德底线，以至于国人对整个行业都产生惯性怀疑。而15年前，朱旭决定跨界进入茶行业，一个"门外汉"以最传统最笨的方法——天生天养，来管理700亩茶园。曾几何时，他的"傻"被多少人嘲笑，他多年的积蓄无上限的投入茶园管理运作，终于守得云开见月明，纳山的野生茶（野放茶），得到茶界各专家和业界同行的盛赞和佩服，而多家媒体也不远千里到纳山云舍专访报道。今天我们且选发《人民政协报》的专题报道，让更多爱茶之人了解来自武夷山自然保护区的"纯净茶"。

——编者按

朱旭：2019，守护"干净茶"的第15年

卖房、借钱、卖股票，2005年时的朱旭孤注一掷，从医生跨界茶行，只为圆心中的一个梦。那时的他或许不曾想到，追梦的日子竟如此艰辛，但大自然终没有辜负他，实现梦想的日子，近了又近了。

离新春佳节还有不到10天，朱旭的日子过得异常忙碌，每天在忙完手术的下午六七点下班后，这位厦门纳山云舍的掌门人，还要跟进纳山云舍新品上线商城的进程，推动年货的销售。虽然累得声音有些沙哑，但他的疲惫中依然饱含喜悦。

"今年，我们主推特色产品红乌龙，反响不错"，朱旭笑着说，"纳山云舍干净的味道，已得到越来越多客户的认可，有五六家会所请纳山云舍设了专柜，将长期合作"。

"纳山云舍这名字是我起的。纳山，即古称的内山，也称正山、里山，是武夷山茶的正脉产地，是国家级自然生态保护区，也是我的家乡；云舍是指在云间的一方茶舍。纳山云舍，有我对家乡产区的美好向往。"朱旭说。

可这位医者，明明已经走出了大山，本可以衣食无忧、享受生活，为何要选择做茶，甚至是举债做茶呢？

"我记得那是2005年，我资助茶山的两个孩子完成上学梦时，家乡的落后和贫穷，深深刺痛了我。"朱旭说，"我是从农村走出来的，我希望力所能及地为这片山水、为家乡，做些有价值的事。"

从小在茶香中浸染的朱旭，自然而然地把目光放到了茶上，他决心不负武夷山的山水，做中国最干净的茶。他深入茶区，调研、走访，整合保护区茶农、成立合作社、梳理保护区内最好的古茶树（奇种）。

"我们现在拥有原生态高海拔古茶山700余亩。严格说，它们都不叫茶园，应叫山场，多个山场组成了纳山云舍野茶基地。"朱旭说："我决定以天生天养的方式来保护和使用这些茶树，让茶树顺应天地、自然生长，不施化肥、不施农药、人工除草、人工采摘，确保舌尖上的安全。"

梦想很丰满，现实很骨感。现实的羁绊远比设想中要多。

"最明显的，我们常常要比其他茶企，多花几倍的成本，获得几分之一的产量。"朱旭说。例如，他们采用人工除草，一年需要割草6次。且茶树多在险要的山石间，交通不便，人力成本急剧攀升；别人家的茶园一亩地可采摘几十千克，他们的野茶基地，一亩地只有十来千克；原本茶树3年就可以采摘，但为了培育好茶树，他们整整等了7年……

上天不负有心人，7年后，朱旭第一次被大自然的恩赐惊艳到了。

　　"第一次喝到成品时，心里是激动得不敢相信。果香、花香、蜜香浓郁，茶汤干净透亮，滋味清冽香甜，瞬间觉得所有的努力都值得，特别有成就感。我们第一次把产品拿去比赛，一举摘得茶王。"

　　更大的惊喜还在后面。在一次偶然的机会下，他们促成了新品红乌龙的诞生。红乌龙结合了小种红茶和岩茶制作技艺，使得产品既有红茶的顺滑甘甜和山野气息，又有岩茶的岩骨花香和岩韵，独特自然。

　　一个午后，当一位茶友在品饮纳山云舍的茶后，由衷地为这干净的大自然的味道竖起了大拇指。世间有人读懂了他的匠心和坚守，朱旭在那一刻突然泪流满面。委屈、坚守、无悔，复杂的情绪在一刹那涌上心头。

　　"追梦的过程，是一个长期的过程。人朝着正确的方向，只要择善而行，不问前程，也总会遇到相知相伴的知己。"在朱旭的努力下，当地人也因茶尝到了"甜头"，孩子上学不发愁了，青壮劳力也不用外出打工了。他们管护茶山、参与生产，不仅有了稳定的工作，也有了愈来愈丰厚的收入。

　　"这种成就感，给了我继续坚持下去的动力。"朱旭说，将来，他希望能继续影响更多的茶人，去生产健康的、老百姓真正需要的好茶，用合理的价格，执着的真心，将武夷山的山水永续下去。

　　　　　　　　　　　文／人民政协报记者　徐金玉

纳山云舍主人朱旭接受《厦视新闻》采访

纳山云舍的主人朱旭是宋代著名理学家、诗人朱子的第二十六代孙。朱子以理学传天下，朱旭以医术救世人。

朱子与厦门曾有一段缘分。他初登仕途，任同安主簿，任职期间体察民情，亲民爱民，亲身实践了他的做人准则，而这些准则在他晚年撰写的《朱子家训》中都一一体现。

《朱子家训》融入了儒学精华和自身的教育思想，是朱熹治家、做人思想的浓缩，虽然只有短短三百多字，却饱含人生哲理。朱熹在家训中倡导家庭亲睦、人际和谐、重德修身，这些不仅深深地影响着朱家的后世子孙，也成为中华传统文化的宝贵财富。

《厦视新闻》在国庆期间播出了"朱熹：落落三百字千古家训风"的特别节目，并专程采访了朱子的第二十六代孙——朱旭。

　　朱子除了崇尚理学，还崇尚茶道。他在晚年给自己取了一个雅号——茶仙；这也是他最后的一个笔名。"以茶修德，以茶明伦，以茶寓道，以茶穷理，以茶交友"——朱子赋予了茶以广博的儒家文化特征。

　　秉承先祖爱茶的情怀，朱子第二十六代孙——朱旭创立了一间雅致古朴的原生态茶舍——纳山云舍。除了品好茶，医者出身的朱旭还将养生保健的元素融入茶舍，并广邀医界同仁坐镇茶舍、把脉健康，将纳山云舍打造成一个全新的养生生活平台。

后记

承脉千载，衍于纳山

多年前，我创立纳山云舍茶文化品牌。上溯26代，我的先祖是朱子；我出生在建阳考亭。

建阳是古建州的地理中心，考亭是古建州的文化中心。

考亭，位于建阳城西，山环水抱，景色清幽。唐末，黄子稜入闽，定居建阳，陶醉于考亭山水，曾落笔成诗，诗题《望考亭》，诗的末四句："市楼晚日红高下，客艇春波绿往还。人过小桥频指点，全家都在画图间。"考亭，摇曳着诗情画意的光影。

北宋的考亭，曾出过御史、丞相及一大批诗人。丞相名唤陈升之。陈升之是中国历史上著名的典故"四相簪花"的主角之一。庆历五年（1045），韩琦任扬州太守，官署后花园中的一枝"金带围"芍药开出四岔，美丽奇特。传说此花一开，城中就要出宰相。韩琦邀请王珪、王安石、陈升之三人一同赴宴赏花。酒酣耳热之际，韩琦剪下这四朵"金带围"，每人头上插一朵。此后的30年中，簪花的四人竟都先后做了宰相。

南宋的考亭，朱子定居于此，讲学传道，朱子和他的弟子，创建考亭学派，是为闽学派，集北宋诸学之大成，将儒学推向新的高峰。朱子所著的《四书章句集注》，成为科举必读之书，影响中国几百年。

古建州是茶的故乡。

陆游在《建安雪》一诗中，极力赞誉古建州的茶，称"建溪官茶天下绝"。建溪茶入贡朝廷，天下独步。

建茶从唐朝开始，就已进入士人的视界。唐朝的文学家孙樵以拟人的笔法，将武夷的茶比喻成"晚甘侯"，他在《送茶与焦刑部书》的信中如此描述武夷茶：晚甘侯……皆乘雷而摘，拜水而和。盖建阳丹山碧水之乡，月涧云龛之品，慎勿贱用之。孙樵寄给中央级官员一些武夷茶，并叮嘱他：千万别看贱了这些极品的茶叶！

北宋，"前丁后蔡"到古建州来监茶。"前丁"指丁谓，"后蔡"指蔡襄，两人先后到建瓯的北苑督造龙凤团茶，极为珍贵。欧阳修称"金可有，而茶不可得"。苏东坡则说"武夷溪边粟粒芽，前丁后蔡相宠加"。

元朝大德六年（1302），建州的武夷山九曲溪的第四曲溪畔的平坂处，皇家焙茶局设立起来了，称之为"御茶园"。武夷茶正式成为贡品。

建阳，顺建溪而下，抵建瓯；逆建溪而上，抵武夷。闽北中心，兼容两地茶文化，极利于同步发展。宋代建阳熊蕃、熊克父子撰写的《宣和北苑贡茶录》是研究宋代茶业的重要文献。明代何乔远的《闽书》记载："建阳朱子之乡……茶，每岁三收。"何乔远将朱子与茶在联系一起。朱子确实也是精于茶道的大儒。

隐居云谷山时，朱子开辟茶坂，亲自种茶、采茶、制茶。他的《茶坂》诗描述了他采茶制茶喝茶的场景，"携篮北岭西，采撷供茗饮。一啜夜窗寒，跏趺谢衾枕"。

武夷山的隐屏峰下，朱子建精舍，精舍旁的九曲溪潺湲而去，溪中有茶灶石，朱子常邀约朋友到茶灶石上煮茶。"仙翁遗石灶，宛在水中央。饮罢方舟去，茶烟袅细香"。

大儒朱子喜欢喝茶，喝的不仅是茶，更是修养品德，提升道德。朱子将建茶的品德比喻为"中庸"。他说："建茶如中庸之为德，江茶如伯夷叔齐。"中庸是儒家至高的道德。"不偏之谓中，不易之谓庸。中者，天下之正道；庸者，天下之定理"。

我，生于建州，长于建州，千年茶乡，贡茶之地；我是朱子后人，传承家学，我告诉自己，要执正守中，制茶修德；我愿意，发扬我医学专业的优秀，以慈悲之心，寻正脉山场，制最健康的茶。

于是，我踏遍青山——踏遍古建州的青山，选择了武夷正脉的山场——其一是自然保护区，其二是核心坑涧，我要打造兼容儒释道，最纯粹、干净的武夷茶。

我创始的品牌为——纳山云舍。

纳山的"纳"，即"内"，有内山、正山之意；"纳"也有接纳、吸纳之意，是以儒为本，吸纳禅、道精华，兼容三教，制出入于儒释道的佳茗。纳山云舍的坑涧茶丛，有意选择一些与道教与禅宗相关联的坑涧。武夷山马头岩是天地人合一的道场，马头岩麓的道观是垒石道观。此山场的茶品极佳，种植的肉桂俗称"马肉"。武夷山九龙窠的大红袍与天心寺有关。丁显进京赶考经过天心寺时病倒了，天心永乐禅寺的僧人以茶施救，后丁显高中状元。慧苑坑有慧苑禅寺，古寺静寂与幽雅，朱子曾游学其间。天心永乐禅寺和慧苑坑的慧苑禅寺，是佛家之地，禅宗之庭。

云舍，取朱子"云谷"之意。纳山云舍的诸母岗、雷公口、三班顶、观音岩、砂仁坑等山场，海拔从800米至1800米。山场云遮雾绕，风韵出尘。

纳山之茶，天生天养。其山场，空气清新，水质清澈，土壤疏松，有机质含量高，自给肥力好，生态条件极佳。其管理，坚持传统，不施化肥，不打农药，全人工割草，有机栽培。纳山云舍茶样送检，无农残，符合LOD标准。

获奖频频，"纳山云舍·云谷留香"荣获武夷岩茶茶王；"纳山云舍·天赐香肉桂"获海上丝绸之路博览会茶产业茶王赛"乌龙茶类"状元奖；"纳山云舍·红乌龙"获得"乌龙茶类"金奖；"纳山云舍·野生白茶"获福建省非物质文化遗产"非遗传承·健康生活"茶叶鉴评赛"白茶类"金奖……纳山云舍茶制法独特、山场独特、茶丛独特、口感独特，以儒释道兼容的精神与品质，以干净与纯粹的质感和中庸的茶德，成为适合中国人精神特质的饮品。

为了让更多的人遇到好茶，结缘茶人，相识茶友，我执"以茶修德，以茶寓道，以茶交友"的理念，营造纳山云舍的茶空间。打造纳山云舍祥店店、纳山云舍建发央玺店、纳山云舍厦门槟榔店……并通过打造茶空间，传播茶文化，如茶道、香道、花道……建设公益爱心空间，开展名医健康讲座，举行慈善茶会，并为特殊患者举行爱心捐赠活动。茶空间，也是兼容三教茶友的一方净土。

纳山云舍茶，蕴于武夷正脉，禀天地精华，汲闽山灵秀；纳山云舍创始人，秉承朱子理学，得儒家心传，萃取千年古茶道、武夷名坑涧、自然保护区的百年茶丛，精心打造纳山云舍茶！

纳山之茶，天生天养，所饮所品，不仅仅是体验，不仅仅是健康，更是提升道德的自然养成，更是兼容三教的文化情怀，更是修行并近乎"中庸"的精进步履。

为了传承与推广，更为了修行与精进，以茶为媒，可致三教同归、九流同源之目的，于是乎，我们萃取文化宣传的精华，就像萃取茶树的精华一样，结集成书，名曰《千载儒释道 一盏纳山茶》。一盏茶虽卑微，但可汇三教，接千载。值此书出版之际，第四届南平市政协主席、福建省文史馆研究员张建光先生《茶香细裘》成稿，正是写朱子茶、武夷茶，请先生赐稿编入书中，先生欣然应允。将此篇排于篇首，并深表感谢。同时，感谢冯廷佺会长、叶章群教授倾情作序，感谢章慧萍、徐金玉、何发胜、陈国毅、赖仁潭、祝熹、陈芩、曹长美、简兮、晔子诸位文化清流，访纳山、撰文稿，咏啸茶歌……感谢纳山团队坚守与付出，也希望纳山团队团结更多的三教名流，且行且饮，臻于善境。

图书在版编目（CIP）数据

千载儒释道　一盏纳山茶/朱旭主编．—北京：中国农业出版社，2023.8
ISBN 978-7-109-28630-6

Ⅰ.①千… Ⅱ.①朱… Ⅲ.①武夷山-茶文化 Ⅳ.①TS971.21

中国版本图书馆CIP数据核字（2021）第154088号

千载儒释道　一盏纳山茶
QIANZAI RUSHIDAO　YIZHAN NASHANCHA

中国农业出版社出版
地址：北京市朝阳区麦子店街18号楼
邮编：100125
特邀专家：穆祥桐　　责任编辑：姚　佳
版式设计：王　晨　　责任校对：吴丽婷　　责任印制：王　宏
印刷：北京中科印刷有限公司
版次：2023年8月第1版
印次：2023年8月北京第1次印刷
发行：新华书店北京发行所
开本：700mm×1000mm　1/16
印张：17.25
字数：230千字
定价：168.00元